油气田现场安全审核
典型问题手册

中国石油国际勘探开发有限公司　编

石油工业出版社

内容提要

本书以油气田现场生产安全审核典型问题为基础，主要介绍高风险作业、站场管理、井控管理、消防管理、应急管理等方面常见问题及其违章普遍性、判断依据等有关内容。

本书适合石油天然气行业安全管理及审核人员阅读，也可供相关专业人员参考。

图书在版编目（CIP）数据

油气田现场安全审核典型问题手册/中国石油国际勘探开发有限公司编 .-- 北京：石油工业出版社，2025.7. -- ISBN 978-7-5183-7597-4

Ⅰ.TE3-62

中国国家版本馆 CIP 数据核字第 2025AF4107 号

出版发行：石油工业出版社
（北京安定门外安华里 2 区 1 号楼　100011）
网　　址：www.petropub.com
编辑部：（010）64523552　　图书营销中心：（010）64523633
经　　销：全国新华书店
印　　刷：北京中石油彩色印刷有限责任公司

2025 年 7 月第 1 版　2025 年 7 月第 1 次印刷
850×1092 毫米　开本：1/16　印张：16.25
字数：323 千字

定价：100.00 元
（如出现印装质量问题，我社图书营销中心负责调换）
版权所有，翻印必究

《油气田现场安全审核典型问题手册》

编写组

主　　编：何文渊

副 主 编：王贵海

成　　员：赵成斌　李　伟　王　睿　易安祥　邵诗盈
　　　　　张　爽　赵　宇　刘润泽　张　炯　蒋兴迅
　　　　　关文雯　刘　峰　胡晓辉　石　峡　姜思进
　　　　　王琳珲　王俊峰　潘　超　梁岩青　李清斌
　　　　　张海天　杨玉叶　杨薇薇

编写说明

《油气田现场安全审核典型问题手册》编写组以国内外部分油气田现场生产安全审核典型问题为基础，对其开展违章违规普遍性研究，依据问题出现频次，按照低、中、高、较高、特别高五个级别分级，力求全面、系统、客观地反映现场安全审核典型问题。本手册旨在为海外现场安全审核人员提供支持和参考，帮助审核人员在有限时间内发现违章违规行为和设备设施隐患等问题，助力海外项目安全绩效提升。

目 录
CONTENTS

1 高风险作业 ·· 1
   1.1 作业许可 ··· 1
   1.2 受限空间作业 ··· 5
   1.3 挖掘作业 ·· 10
   1.4 高处作业 ·· 18
   1.5 移动式吊装作业 ··· 23
   1.6 临时用电作业 ··· 33
   1.7 动火作业 ·· 44
   1.8 盲板抽堵作业 ··· 55
   1.9 脚手架作业 ·· 56

2 场站管理 ·· 64
   2.1 井场作业 ·· 64
   2.2 场站设施 ·· 97
   2.3 储油气库 ··· 201

3 井控管理 ·· 207

4 消防管理 ·· 210

5 应急管理 ·· 230

6 其他问题 ·· 243

附录 引用标准 ··· 250

1 高风险作业

1.1 作业许可

典型问题1： 作业票缺少关票签字确认。

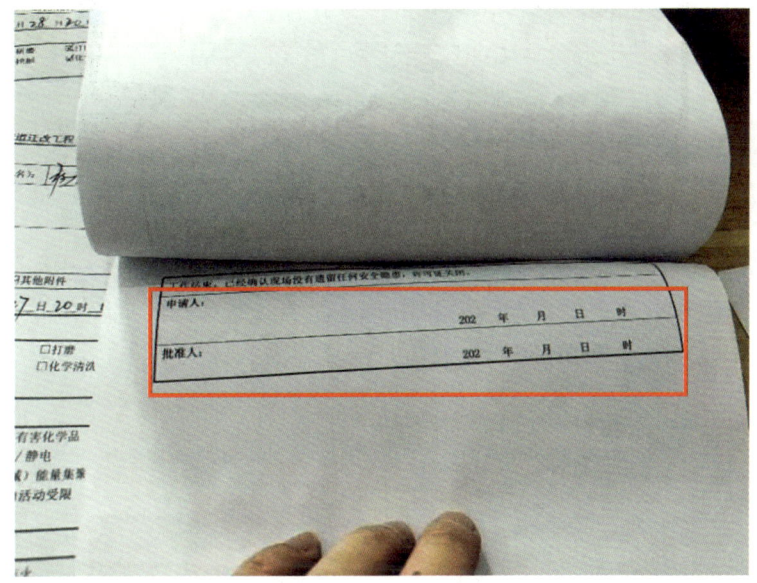

违章普遍性： 低。

判断依据： Q/SY 08240—2018《作业许可管理规范》4.15"作业完毕，应及时进行验收确认"。

典型问题2： 综合作业许可证，存在以下问题：
（1）管沟内焊接作业，未识别到坍塌的风险。
（2）防护措施未勾选安全鞋、防护手套相关措施。
（3）作业票缺少关票项，与作业许可管理制度不符。

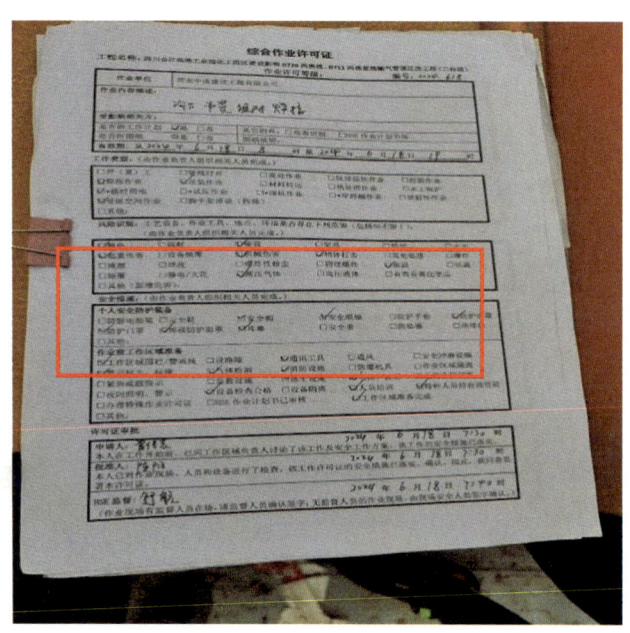

违章普遍性：低。

判断依据：GB 30871—2022《危险化学品企业特殊作业安全规范》4.1"作业前，危险化学品企业应组织作业单位对作业现场和作业过程中可能存在的危险有害因素进行辨识，开展作业危害分析，制定相应的安全风险管控措施"。

典型问题 3：受限空间作业票无批票人签字。

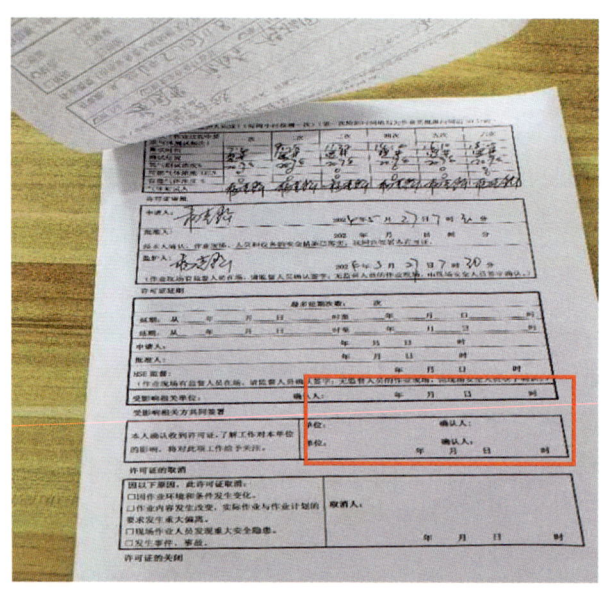

违章普遍性：低。

判断依据：Q/SY 08240—2018《作业许可管理规范》5.7.2 "书面审核和现场核查通过之后，批准人或其授权人、申请人和受影响的相关方均应在作业许可上签字"。

典型问题4：工作前安全分析漏项与作业许可证控制措施勾选不符。

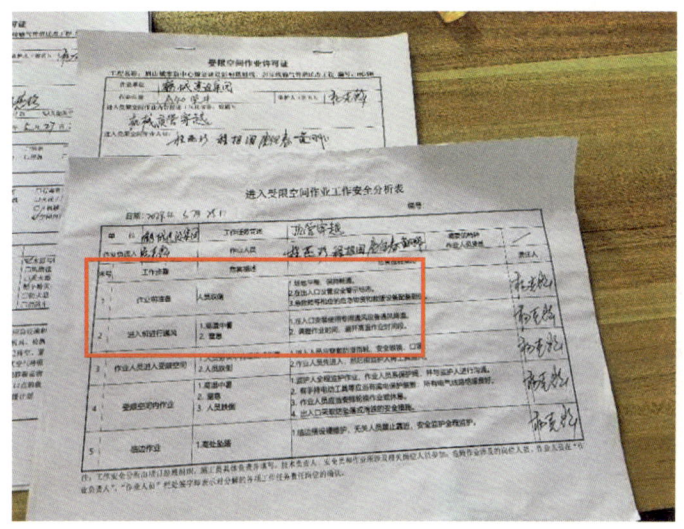

违章普遍性：低。

判断依据：GB 30871—2022《危险化学品企业特殊作业安全规范》4.1 "作业前，危险化学品企业应组织作业单位对作业现场和作业过程中可能存在的危险有害因素进行辨识，开展作业危害分析，制定相应的安全风险管控措施"。

典型问题5：动火作业、高处作业许可证（彩钢板罩棚安装，未升级）与预约公示等级不符。

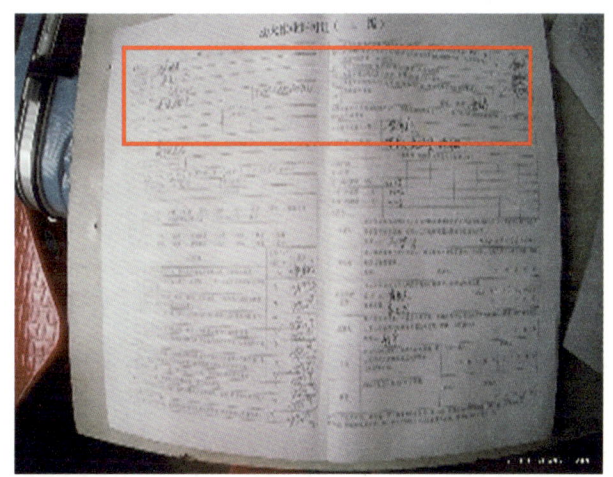

违章普遍性：低。

判断依据：Q/SY 08240—2018《作业许可管理规范》5.5 "在收到申请人的作业许可申请后，批准人应组织申请人和作业涉及相关方人员，集中对许可证中提出的安全措施、工作方法进行书面审查，并记录审查结论。审查内容包括：

——确认作业的详细内容；

——确认所有的相关支持文件，包括风险评估、安全工作方案、作业区域相关示意图、作业人员资质证书等；

——确认安全作业所涉及的其他相关规范遵循情况，如 Q/SY 1247，Q/SY 1236，Q/SY 1243，Q/SY 1241 等；

——确认作业前、作业后应采取的所有安全措施，包括应急措施；

——分析、评估周围环境或相邻工作区域间的相互影响，并确认安全措施；

——确认许可证期限及延期次数；

——其他"。

注：该条内容中提及的 Q/SY 1247—2009 已被 Q/SY 08247—2018 代替，Q/SY 1236—2009 已废止，Q/SY 1243—2009 已被 Q/SY 08243—2018 代替。

典型问题 6：方案中未明确详细动火位置。

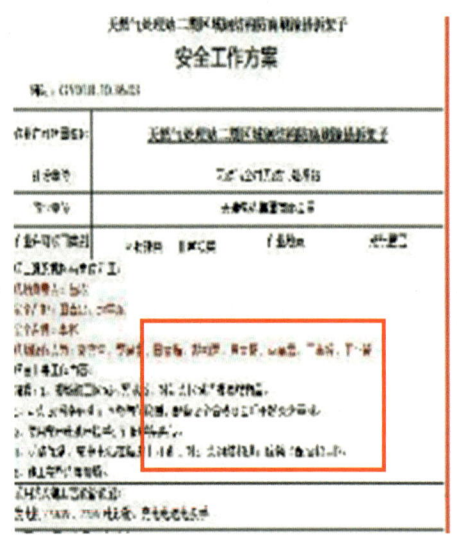

违章普遍性：低。

判断依据：Q/SY 08240—2018《作业许可管理规范》5.5 "在收到申请人的作业许可申请后，批准人应组织申请人和作业涉及相关方人员，集中对许可证中提出的安全措施、工作方法进行书面审查，并记录审查结论。审查内容包括：

——确认作业的详细内容；

——确认所有的相关支持文件，包括风险评估、安全工作方案、作业区域相关示意图、作业人员资质证书等；

——确认安全作业所涉及的其他相关规范遵循情况，如 Q/SY 1247，Q/SY 1236，Q/SY 1243，Q/SY 1241 等；

——确认作业前、作业后应采取的所有安全措施，包括应急措施；

——分析、评估周围环境或相邻工作区域间的相互影响，并确认安全措施；

——确认许可证期限及延期次数；

——其他"。

典型问题7：施工时间早于审批时间。

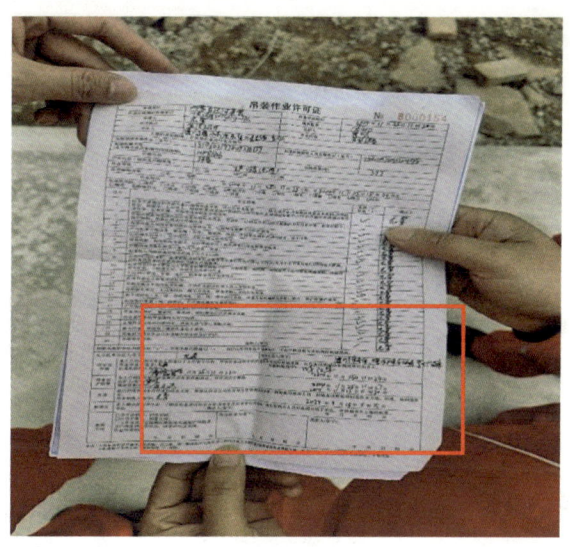

违章普遍性：低。

判断依据：GB 30871—2022《危险化学品企业特殊作业安全规范》4.6"作业前，危险化学品企业应组织办理作业审批手续，并由相关责任人签字审批。同一作业涉及两种或两种以上特殊作业时，应同时执行各自作业要求，办理相应的作业审批手续"。

1.2 受限空间作业

典型问题1：现场作业在深约 1.4 m 管沟内，现场未设置防护栏和警示标志，未设置逃生梯和逃生通道。

违章普遍性：较高。

判断依据：GB/T 50484—2019《石油化工建设工程施工安全技术标准》7.1.6 "土石方施工区域应设置明显的警示标志和硬隔离设施。夜间应有警示灯"。

典型问题 2：脱硫塔检修现场无施工人员，受限空间入口处未悬挂安全警示牌。

违章普遍性：较高。

判断依据：GB 30871—2022《危险化学品企业特殊作业安全规范》6.9 "受限空间作业应满足的其他要求：

a）受限空间出入口应保持畅通；

b）作业人员不应携带与作业无关的物品进入受限空间；作业中不应抛掷材料、工器具等物品；在有毒、缺氧环境下不应摘下防护面具；

　　c）难度大、劳动强度大、时间长、高温的受限空间作业应采取轮换作业方式；

　　d）接入受限空间的电线，电缆，通气管应在进口处进行保护或加强绝缘，应避免与人员出入使用同一出入口；

　　e）作业期间发生异常情况时，未穿戴6.6规定个体防护装备的人员严禁入内救援；

　　f）停止作业期间，应在受限空间入口处增设警示标志，并采取防止人员误入的措施；

　　g）作业结束后，应将工器具带出受限空间"。

典型问题3： 储罐清洗作业期间未对入口做警示标志。

违章普遍性： 较高。

判断依据： GB 30871—2022《危险化学品企业特殊作业安全规范》6.9"受限空间作业应满足的其他要求：

　　a）受限空间出入口应保持畅通；

　　b）作业人员不应携带与作业无关的物品进入受限空间；作业中不应抛掷材料、工器具等物品；在有毒、缺氧环境下不应摘下防护面具；

　　c）难度大、劳动强度大、时间长、高温的受限空间作业应采取轮换作业方式；

　　d）接入受限空间的电线，电缆，通气管应在进口处进行保护或加强绝缘，应避免与人员出入使用同一出入口；

　　e）作业期间发生异常情况时，未穿戴6.6规定个体防护装备的人员严禁入内救援；

　　f）停止作业期间，应在受限空间入口处增设警示标志，并采取防止人员误入的措施；

　　g）作业结束后，应将工器具带出受限空间"。

典型问题 4：受限空间出入口悬挂的警示牌失效。

违章普遍性：较高。

判断依据：GB 30871—2022《危险化学品企业特殊作业安全规范》6.9 "受限空间作业应满足的其他要求：

a）受限空间出入口应保持畅通；

b）作业人员不应携带与作业无关的物品进入受限空间；作业中不应抛掷材料、工器具等物品；在有毒、缺氧环境下不应摘下防护面具；

c）难度大、劳动强度大、时间长、高温的受限空间作业应采取轮换作业方式；

d）接入受限空间的电线、电缆、通气管应在进口处进行保护或加强绝缘，应避免与人员出入使用同一出入口；

e）作业期间发生异常情况时，未穿戴6.6规定个体防护装备的人员严禁入内救援；

f）停止作业期间，应在受限空间入口处增设警示标志，并采取防止人员误入的措施；

g）作业结束后，应将工器具带出受限空间"。

典型问题 5：含油污水返排罐洞口没有进入受限空间的警示和防护标识。

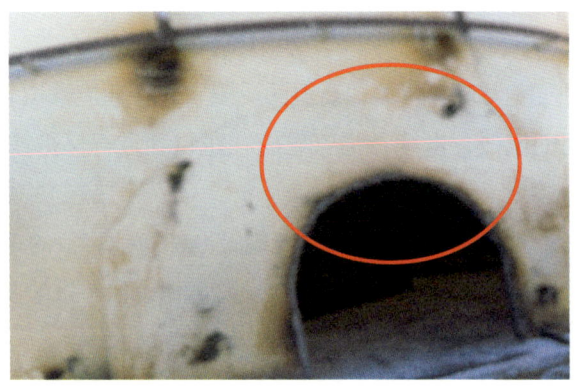

违章普遍性：较高。

判断依据：GB 30871—2022《危险化学品企业特殊作业安全规范》6.9 "受限空间作业应满足的其他要求：

a）受限空间出入口应保持畅通；

b）作业人员不应携带与作业无关的物品进入受限空间；作业中不应抛掷材料、工器具等物品；在有毒、缺氧环境下不应摘下防护面具；

c）难度大、劳动强度大、时间长、高温的受限空间作业应采取轮换作业方式；

d）接入受限空间的电线，电缆，通气管应在进口处进行保护或加强绝缘，应避免与人员出入使用同一出入口；

e）作业期间发生异常情况时，未穿戴6.6规定个体防护装备的人员严禁入内救援；

f）停止作业期间，应在受限空间入口处增设警示标志，并采取防止人员误入的措施；

g）作业结束后，应将工器具带出受限空间"。

典型问题6：钢质储罐内使用400 W，220 V灯作照明灯具。

违章普遍性：较高。

判断依据：GB 30871—2022《危险化学品企业特殊作业安全规范》4.13 "作业现场照明系统配置要求：

作业现场应设置满足作业要求的照明装备：

——受限空间内使用的照明电压不应超过36 V，并满足安全用电要求；

——在潮湿容器、狭小容器内作业电压不应超过12 V；

——在盛装过易燃易爆气体、液体等介质的容器内作业应使用防爆灯具；

——在可燃性粉尘爆炸环境作业时应采用符合相应防爆等级要求的灯具；

——作业现场可能危及安全的坑、井、沟、孔洞等周围，夜间应设警示红灯；

——动力和照明线路应分路设置"。

1.3 挖掘作业

典型问题1：挖掘作业物料堆放与基坑未保留安全距离。

违章普遍性：高。

判断依据：GB 30871—2022《危险化学品企业特殊作业安全规范》11.5 "挖掘坑、槽、井、沟等作业，应遵守下列规定：

a）挖掘土方应自上而下逐层挖掘，不应采用挖底脚的办法挖掘；使用的材料、挖出的泥土应堆在距坑、槽、井、沟边沿至少 1 m 处，堆土高度不应大于 1.5 m；挖出的泥土不应堵塞下水道和窨井；

b）不应在土壁上挖洞攀登；

c）不应在坑、槽、井、沟上端边沿站立、行走；

d）应视土壤性质、湿度和挖掘深度设置安全边坡或固壁支撑；作业过程中应对坑、槽、井、沟边坡或固壁支撑架随时检查，特别是雨雪后和解冻时期，如发现边坡有裂缝、松疏或支撑有折断、走位等异常情况时，应立即停止作业，并采取相应措施；

e）在坑、槽、井、沟的边缘安放机械、铺设轨道及通行车辆时，应保持适当距离，采取有效的固壁措施，确保安全；

f）在拆除固壁支撑时，应从下而上进行；更换支撑时，应先装新的，后拆旧的；

g）不应在坑、槽、井、沟内休息"。

典型问题 2： 施工现场深基坑位置处于乡道旁，在乡道上临边处只设有警示带，未设置硬质围挡，存在人员坠落风险。

违章普遍性： 高。

判断依据： GB/T 50484—2019《石油化工建设工程施工安全技术标准》7.1.6 "土石方施工区域应设置明显的警示标志和硬隔离设施。夜间应有警示灯"。

典型问题 3： 施工在开挖深度约 2 m 的深基坑，未设置放坡。

违章普遍性： 高。

判断依据： JGJ 120—2012《建筑基坑支护技术规程》3.3.6 "基坑开挖采用放坡或支护结构上部采用放坡时，应按本规程第 5.1.1 条的规定验算边坡的滑动稳定性，边坡的圆弧滑动稳定安全系数 K_s 不应小于 1.2。放坡坡面应设置防护层"。

典型问题 4：某采油厂施工开挖深度约 2 m 的深基坑，未设置防护层。

违章普遍性：高。

判断依据：JGJ 120—2012《建筑基坑支护技术规程》3.3.6 "基坑开挖采用放坡或支护结构上部采用放坡时，应按本规程第 5.1.1 条的规定验算边坡的滑动稳定性，边坡的圆弧滑动稳定安全系数 K_s 不应小于 1.2。放坡坡面应设置防护层"。

典型问题 5：施工在开挖深基坑，上下通道不符合要求。

违章普遍性：高。

判断依据：GB/T 50484—2019《石油化工建设工程施工安全技术标准》11.7 "动土作业人员在沟（槽、坑）下作业应按规定坡度顺序进行，使用机械挖掘时，人员不应进入机械旋转半径内;深度大于 2 m 时,应设置人员上下的梯子等能够保证人员快速进出的设施;两人以上同时挖土时应相距 2 m 以上,防止工具伤人"。

典型问题 6:采油厂施工开挖深基坑,临边防护不符合要求。

违章普遍性:高。

判断依据:GB/T 50484—2019《石油化工建设工程施工安全技术标准》7.1.6 "土石方施工区域应设置明显的警示标志和硬隔离设施。夜间应有警示灯"。

典型问题 7:施工开挖深基坑,使用警戒线作基坑维护。

违章普遍性:低。

判断依据:GB/T 50484—2019《石油化工建设工程施工安全技术标准》7.1.6 "土石方施工区域应设置明显的警示标志和硬隔离设施。夜间应有警示灯"。

典型问题 8：开挖深基坑，施工现场操作坑无防坍塌措施。

违章普遍性：低。

判断依据：GB 30871—2022《危险化学品企业特殊作业安全规范》11.5"挖掘坑、槽、井、沟等作业，应遵守下列规定：

a）挖掘土方应自上而下逐层挖掘，不应采用挖底脚的办法挖掘；使用的材料、挖出的泥土应堆在距坑、槽、井、沟边沿至少 1 m 处，堆土高度不应大于 1.5 m；挖出的泥土不应堵塞下水道和窨井；

b）不应在土壁上挖洞攀登；

c）不应在坑、槽、井、沟上端边沿站立、行走；

d）应视土壤性质、湿度和挖掘深度设置安全边坡或固壁支撑；作业过程中应对坑、槽、井、沟边坡或固壁支撑架随时检查，特别是雨雪后和解冻时期，如发现边坡有裂缝、松疏或支撑有折断、走位等异常情况时，应立即停止作业，并采取相应措施；

e）在坑、槽、井、沟的边缘安放机械、铺设轨道及通行车辆时，应保持适当距离，采取有效的固壁措施，确保安全；

f）在拆除固壁支撑时，应从下而上进行；更换支撑时，应先装新的，后拆旧的；

g）不应在坑、槽、井、沟内休息"。

典型问题 9：动土作业将三相分离器梯子支架下部的泥土挖出，造成梯子支架悬空。

违章普遍性： 低。

判断依据： GB 30871—2022《危险化学品企业特殊作业安全规范》11.1"作业前，应检查工器具、现场支撑是否牢固、完好，发现问题应及时处理"。

典型问题 10： 多处管沟存在警戒措施失效、管沟壁坍塌等。

违章普遍性： 低。

判断依据： GB 30871—2022《危险化学品企业特殊作业安全规范》11.5"挖掘坑、槽、井、沟等作业，应遵守下列规定：

a）挖掘土方应自上而下逐层挖掘，不应采用挖底脚的办法挖掘；使用的材料、挖出的泥土应堆在距坑、槽、井、沟边沿至少 1 m 处，堆土高度不应大于 1.5 m；挖出的泥土不应堵塞下水道和窨井；

b）不应在土壁上挖洞攀登；

c）不应在坑、槽、井、沟上端边沿站立、行走；

d）应视土壤性质、湿度和挖掘深度设置安全边坡或固壁支撑；作业过程中应对坑、槽、井、沟边坡或固壁支撑架随时检查，特别是雨雪后和解冻时期，如发现边坡有裂缝、松疏或支撑有折断、走位等异常情况时，应立即停止作业，并采取相应措施；

e）在坑、槽、井、沟的边缘安放机械、铺设轨道及通行车辆时，应保持适当距离，采取有效的固壁措施，确保安全；

f）在拆除固壁支撑时，应从下而上进行；更换支撑时，应先装新的，后拆旧的；

g）不应在坑、槽、井、沟内休息"。

典型问题 11：电缆沟回填不平整。

违章普遍性：低。

判断依据：GB 30871—2022《危险化学品企业特殊作业安全规范》11.11"动土作业结束后，应及时回填土石，恢复地面设施"。

典型问题 12：动土作业挖坑深 1.7～1.9 m，没有设置警戒线。

违章普遍性：低。

判断依据：GB/T 50484—2019《石油化工建设工程施工安全技术标准》7.1.6"土石方施工区域应设置明显的警示标志和硬隔离设施。夜间应有警示灯"。

1 高风险作业

典型问题 13：管沟堆土离沟边仅 0.1～0.2 m。

违章普遍性：低。

判断依据：GB 30871—2022《危险化学品企业特殊作业安全规范》11.5 "挖掘坑、槽、井、沟等作业，应遵守下列规定：

a）挖掘土方应自上而下逐层挖掘，不应采用挖底脚的办法挖掘；使用的材料、挖出的泥土应堆在距坑、槽、井、沟边沿至少 1 m 处，堆土高度不应大于 1.5 m；挖出的泥土不应堵塞下水道和窨井；

b）不应在土壁上挖洞攀登；

c）不应在坑、槽、井、沟上端边沿站立、行走；

d）应视土壤性质、湿度和挖掘深度设置安全边坡或固壁支撑；作业过程中应对坑、槽、井、沟边坡或固壁支撑架随时检查，特别是雨雪后和解冻时期，如发现边坡有裂缝、松疏或支撑有折断、走位等异常情况时，应立即停止作业，并采取相应措施；

e）在坑、槽、井、沟的边缘安放机械、铺设轨道及通行车辆时，应保持适当距离，采取有效的固壁措施，确保安全；

f）在拆除固壁支撑时，应从下而上进行；更换支撑时，应先装新的，后拆旧的；

g）不应在坑、槽、井、沟内休息"。

典型问题 14：管沟深 2.1～2.2 m，周边未设置安全防护。

违章普遍性：低。

判断依据：GB/T 50484—2019《石油化工建设工程施工安全技术标准》7.1.6 "土石方施工区域应设置明显的警示标志和硬隔离设施。夜间应有警示灯"。

1.4　高处作业

典型问题 1：抽油机驴头安装作业现场发现施工人员未办理高处作业许可证。作业人员手持工具进行攀登作业，未放入工具袋，且站在驴头上未采取防坠落措施（作业高度约 4 m）。

违章普遍性：高。

判断依据：GB 30871—2022《危险化学品企业特殊作业安全规范》8.2.3 "应根据实际需要配备符合安全要求的作业平台、吊笼、梯子、挡脚板、跳板等；脚手架的搭设、拆除和使用应符合 GB 51210 等有关标准要求"。

典型问题 2：登高作业过程中，两人在同一架梯上工作。

违章普遍性：较高。

判断依据：GB 30871—2022《危险化学品企业特殊作业安全规范》8.2.8"在同一坠落方向上，一般不应进行上下交叉作业，如需进行交叉作业，中间应设置安全防护层，坠落高度超过 24 m 的交叉作业，应设双层防护"。

典型问题 3：高处作业时登高人员未佩戴防坠落安全带、未采取防坠落措施。

违章普遍性：较低。

判断依据：GB 30871—2022《危险化学品企业特殊作业安全规范》8.2.1"高处作业人员应正确佩戴符合 GB 6095 要求的安全带及符合 GB 24543 要求的安全绳，30 m 以上高处作业应配备通信联络工具"。

典型问题 4：施工现场，现场高处施工未进行临边防护。

违章普遍性：较高。

判断依据：JGJ 59—2011《建筑施工安全检查标准》3.13.3"高处作业的检查评定应符

合下列规定：

临边防护：

1）作业面边沿应设置连续的临边防护设施；

2）临边防护设施的构造、强度应符合规范要求；

3）临边防护设施宜定型化、工具式，杆件的规格及连接固定方式应符合规范要求"。

典型问题 5：施工现场，现场高处施工作业警示区域不足。

违章普遍性：较高。

判断依据：JGJ 80—2016《建筑施工高处作业安全技术规范》3.0.4"应根据要求将各类安全警示标志悬挂于施工现场各相应部位，夜间应设红灯警示。高处作业施工前，应检查高处作业的安全标志、工具、仪表、电气设施和设备，确认其完好后，方可进行施工"。

典型问题 6：施工现场，现场高处施工安全带高挂低用。

违章普遍性：较高。

判断依据：JGJ 80—2016《建筑施工高处作业安全技术规范》3.0.5 "高处作业人员应根据作业的实际情况配备相应的高处作业安全防护用品，并应按规定正确佩戴和使用相应的安全防护用品、用具"。

典型问题 7：高处作业人员将安全带挂钩系挂在 ϕ25 风线上。

违章普遍性：低。

判断依据：JGJ 80—2016《建筑施工高处作业安全技术规范》3.0.5 "高处作业人员应根据作业的实际情况配备相应的高处作业安全防护用品，并应按规定正确佩戴和使用相应的安全防护用品、用具"。

典型问题 8：作业人员没有在专用的带有踏步的上下处登梯。

违章普遍性：低。

判断依据：JGJ 80—2016《建筑施工高处作业安全技术规范》5.1.1"登高作业应借助施工通道、梯子及其他攀登设施和用具"。

典型问题9：某采油厂施工现场高处作业未设置可靠的作业平台与防坠落设施，未设置到达作业面的安全通道或攀登设施与用具。

违章普遍性：低。

判断依据：JGJ 80—2016《建筑施工高处作业安全技术规范》6.1.2"操作平台的架体结构应采用钢管、型钢及其他等效性能材料组装，并应符合现行国家标准 GB 50017—2017《钢结构设计标准》及国家现行有关脚手架标准的规定。平台面铺设的钢、木或竹胶合板等材质的脚手板，应符合材质和承载力要求，并应平整满铺及可靠固定"。

典型问题10：高处作业现场，升降车内员工违规向下方抛掷工具。

违章普遍性：低。

判断依据：GB 30871—2022《危险化学品企业特殊作业安全规范》8.2.7"作业使用的工具、材料、零件等应装入工具袋，上下时手中不应持物，不应投掷工具、材料及其他物品；易滑动、易滚动的工具、材料堆放在脚手架上时，应采取防坠落措施"。

典型问题 11：卸料平台没有标识限重牌，平台门临边（高 6 m）没有安全防护栏杆。

违章普遍性：低。

判断依据：JGJ 80—2016《建筑施工高处作业安全技术规范》4.1.1"坠落高度基准面 2 m 及以上进行临边作业时，应在临空一侧设置防护栏杆，并应采用密目式安全立网或工具式栏板封闭"。

1.5　移动式吊装作业

典型问题 1：现场吊装配电柜时，一名员工手扶吊物，未使用溜绳控制吊物摆动。

违章普遍性：较高。

判断依据：GB 30871—2022《危险化学品企业特殊作业安全规范》9.2.11 "司索人员应遵守如下规定：

a）听从指挥人员的指令，并及时报告险情；

b）不应用吊钩直接缠绕吊物及将不同种类或不同规格的索具混在一起使用；

c）吊物捆绑应牢靠，吊点设置应根据吊物重心位置确定，保证吊装过程中吊物平衡；起升吊物时应检查其连接点是否牢固、可靠；吊运零散件时，应使用专门的吊篮、吊斗等器具，吊篮、吊斗等不应装满；

d）吊物就位时，应与吊物保持一定的安全距离，用拉绳或撑杆、钩子辅助其就位；

e）吊物就位前，不应解开吊装索具；

f）9.2.10 中与司索人员有关的不应起吊的情况，司索人员应做相应处理"。

典型问题 2：安装抽油机吊装作业现场监督检查发现，吊装过程中 2 名人员手扶吊物，且现场施工人员未佩戴安全帽。

违章普遍性：较高。

判断依据：GB 30871—2022《危险化学品企业特殊作业安全规范》9.2.11 "司索人员应遵守如下规定：

a）听从指挥人员的指令，并及时报告险情；

b）不应用吊钩直接缠绕吊物及将不同种类或不同规格的索具混在一起使用；

c）吊物捆绑应牢靠，吊点设置应根据吊物重心位置确定，保证吊装过程中吊物平衡；起升吊物时应检查其连接点是否牢固、可靠；吊运零散件时，应使用专门的吊篮、吊斗等器具，吊篮、吊斗等不应装满；

d）吊物就位时，应与吊物保持一定的安全距离，用拉绳或撑杆、钩子辅助其就位；

e）吊物就位前，不应解开吊装索具；

f）9.2.10中与司索人员有关的不应起吊的情况，司索人员应做相应处理"。

典型问题3：吊装配电柜时，吊物就位前，一名人员从吊臂下穿行。

违章普遍性：较高。

判断依据：GB 30871—2022《危险化学品企业特殊作业安全规范》9.2.12"监护人员应确保吊装过程中警戒范围区内没有非作业人员或车辆经过；吊装过程中吊物及起重臂移动区域下方不应有任何人员经过或停留"。

典型问题4：焊接班组使用的吊带磨损严重，已断裂口超过带身2/3，且无合格标识。

违章普遍性：低。

判断依据：GB 30871—2022《危险化学品企业特殊作业安全规范》9.2.5 "作业前，作业单位应对起重机械、吊具、索具、安全装置等进行检查，确保其处于完好、安全状态，并签字确认"。

典型问题 5：吊装抽油机过程中，现场未设置警戒带。

违章普遍性：高。

判断依据：GB 30871—2022《危险化学品企业特殊作业安全规范》9.2.12 "监护人员应确保吊装过程中警戒范围区内没有非作业人员或车辆经过；吊装过程中吊物及起重臂移动区域下方不应有任何人员经过或停留"。

典型问题 6：吊装现场主钩、副钩等保险销均使用铁丝插销，未使用标准插销。

违章普遍性：低。

判断依据：GB 30871—2022《危险化学品企业特殊作业安全规范》9.2.5"作业前，作业单位应对起重机械、吊具、索具、安全装置等进行检查，确保其处于完好、安全状态，并签字确认"。

典型问题 7：吊装作业汽车吊支腿未支垫牢固。

违章普遍性：低。

判断依据：GB/T 50484—2019《石油化工建设工程施工安全技术标准》5.4.5"汽车式起重机作业前，支腿应全部伸出，并在支撑板下垫好道木或路基箱，支腿有定位销的应插上定位销。底盘为悬挂式的起重机，伸出支腿前应先收紧稳定器"。

典型问题 8：吊装作业汽车吊未设置防脱钩装置。

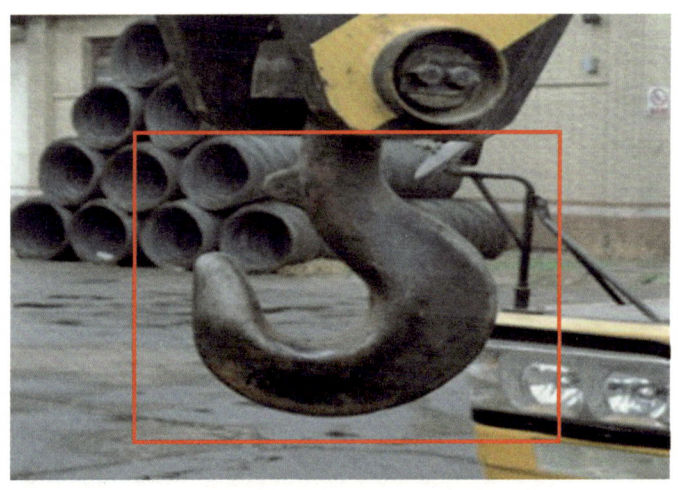

违章普遍性：低。

判断依据：GB 30871—2022《危险化学品企业特殊作业安全规范》9.2.5"作业前，作业单位应对起重机械、吊具、索具、安全装置等进行检查，确保其处于完好、安全状态，并签字确认"。

典型问题9：吊装作业汽车吊作业时支腿水平未全部伸出，稳定性不符合要求。

违章普遍性：低。

判断依据：GB/T 50484—2019《石油化工建设工程施工安全技术标准》5.4.5"汽车式起重机作业前，支腿应全部伸出，并在支撑板下垫好道木或路基箱，支腿有定位销的应插上定位销。底盘为悬挂式的起重机，伸出支腿前应先收紧稳定器"。

典型问题10：进行吊装作业汽车吊作业时作业支撑面不符合承载要求。

违章普遍性：低。

判断依据：GB/T 50484—2019《石油化工建设工程施工安全技术标准》5.4.5 "汽车式起重机作业前，支腿应全部伸出，并在支撑板下垫好道木或路基箱，支腿有定位销的应插上定位销。底盘为悬挂式的起重机，伸出支腿前应先收紧稳定器"。

典型问题 11：某采油厂进行吊装作业汽车吊作业时轮胎未离地。

违章普遍性：低。

判断依据：JB/T 9738—2015《汽车起重机》4.1.2 "使用时，应支撑起支腿，使所有轮胎离地，整机保持水平状态，回转支承安装平面的倾斜度不大于1%"。

典型问题 12：吊装作业现场，吊车前中支腿倾斜、下沉未支垫牢固。

违章普遍性：低。

判断依据：Q/SY 08130.1—2022《工程建设现场安全检查规范 第一部分：油田建设》表 A.3"作业前，支腿全部伸出，并在撑脚板下垫方木，装有定位销的支腿应插上定位销；调整支腿在无载荷时进行。保证车架上安装的回转支撑平面处于水平状态，其倾斜度不应大于 1/1000"。

典型问题 13：吊装作业现场吊带扭结。

违章普遍性：中。

判断依据：GB 30871—2022《危险化学品企业特殊作业安全规范》9.2.5"作业前，作业单位应对起重机械、吊具、索具、安全装置等进行检查，确保其处于完好、安全状态，并签字确认"。

典型问题 14：吊装作业现场，起重指挥人员未佩戴明显标志。

违章普遍性：中。

判断依据：GB 30871—2022《危险化学品企业特殊作业安全规范》9.2.6 "指挥人员应佩戴明显的标志，并按 GB/T 5082 规定的联络信号进行指挥"。

典型问题 15：吊装现场未隔离。

违章普遍性：中。

判断依据：GB 30871—2022《危险化学品企业特殊作业安全规范》9.2.12 "监护人员应确保吊装过程中警戒范围区内没有非作业人员或车辆经过；吊装过程中吊物及起重臂移动区域下方不应有任何人员经过或停留"。

典型问题 16：吊装作业，吊车吊钩止脱装置失效。

违章普遍性：中。

判断依据：GB 30871—2022《危险化学品企业特殊作业安全规范》9.2.5 "作业前，作业单位应对起重机械、吊具、索具、安全装置等进行检查，确保其处于完好、安全状态，并签字确认"。

典型问题 17：吊装作业，吊带出现严重割口。

违章普遍性：中。

判断依据：GB 30871—2022《危险化学品企业特殊作业安全规范》9.2.5"作业前，作业单位应对起重机械、吊具、索具、安全装置等进行检查，确保其处于完好、安全状态，并签字确认"。

典型问题 18：吊带一处出现断股和破损。

违章普遍性：低。

判断依据：GB 30871—2022《危险化学品企业特殊作业安全规范》9.2.5"作业前，作业单位应对起重机械、吊具、索具、安全装置等进行检查，确保其处于完好、安全状态，并签字确认"。

1.6 临时用电作业

典型问题 1：临时用电线路四芯电缆只接 L/N 线，未接保护接地线且线头裸露。

违章普遍性：高。

判断依据：GB 30871—2022《危险化学品企业特殊作业安全规范》10.5"临时用电设备和线路应按供电电压等级和容量正确配置、使用，所用的电器元件应符合国家相关产品标准及作业现场环境要求，临时用电电源施工、安装应符合 GB 50194 的有关要求，并有良好的接地"。

典型问题 2：某采油厂作业区施工发电机电源线搭在平台护栏上，且无防护措施。

违章普遍性：高。

判断依据：GB 30871—2022《危险化学品企业特殊作业安全规范》10.6"临时用电还

应满足如下要求：

a）火灾爆炸危险场所应使用相应防爆等级的电气元件，并采取相应的防爆安全措施；

b）临时用电线路及设备应有良好的绝缘，所有的临时用电线路应采用耐压等级不低于 500 V 的绝缘导线；

c）临时用电线路经过火灾爆炸危险场所以及有高温、振动、腐蚀、积水及产生机械损伤等区域，不应有接头，并应采取相应的保护措施；

d）临时用电架空线应采用绝缘铜芯线，并应架设在专用电杆或支架上，其最大弧垂与地面距离，在作业现场不低于 2.5 m，穿越机动车道不低于 5 m；

e）沿墙面或地面敷设电缆线路应符合下列规定：——电缆线路敷设路径应有醒目的警告标志；

——沿地面明敷的电缆线路应沿建筑物墙体根部敷设，穿越道路或其他易受机械损伤的区域，应采取防机械损伤的措施，周围环境应保持干燥；

——在电缆敷设路径附近，当有产生明火的作业时，应采取防止火花损伤电缆的措施；

f）对需埋地敷设的电缆线路应设有走向标志和安全标志。电缆埋地深度不应小于 0.7 m，穿越道路时应加设防护套管；

g）现场临时用电配电盘、箱应有电压标志和危险标志，应有防雨措施，盘、箱、门应能牢靠关闭并上锁管理；

h）临时用电设施应安装符合规范要求的漏电保护器，移动工具、手持式电动工具应逐个配置漏电保护器和电源开关"。

典型问题 3：防脱快接头上使用了三通同时带动两台用电设备，未落实"一机一闸一保护"。

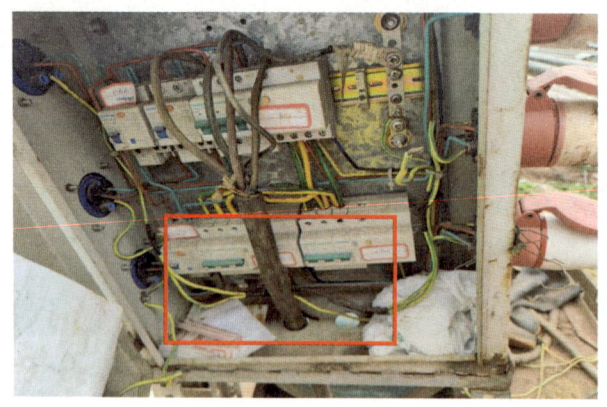

违章普遍性：低。

判断依据：JGJ/T 46—2024《建筑与市政工程施工现场临时用电安全技术标准》4.1.2"每台用电设备应有各自专用的开关箱，不得用同一个开关箱直接控制 2 台及以上用电设备（含插座）"。

典型问题 4：管线焊接施工现场，一台 380 V 直流电焊机电焊把线外绝缘护套破损露铜。

违章普遍性：低。

判断依据：GB 50194—2014《建设工程施工现场供用电安全规范》1.0.3"施工现场供用电应符合下列原则：2 施工现场供用电设施和电动机具应符合国家现行有关标准的规定，线路绝缘应良好"。

典型问题 5：地面工程工艺管线预制焊接施工现场 1 台焊接电源线使用的防脱接头接地线未使用。

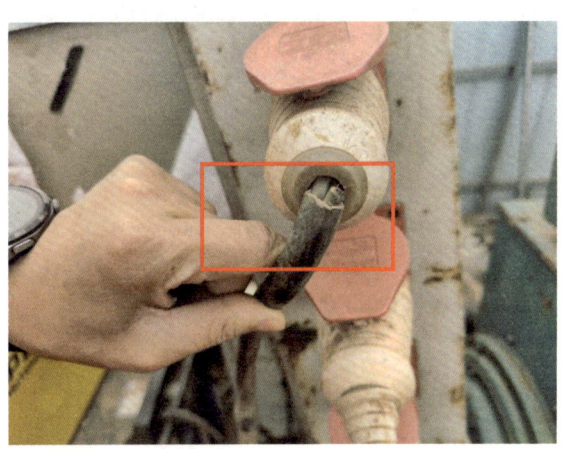

违章普遍性：高。

判断依据：GB 50257—2014《电气装置安装工程爆炸和火灾危险环境电气装置施工及验收规范》4.1.4"防爆电气设备的进线口与电缆、导线引入连接后，应保持电缆引入装置的完整性和弹性密封圈的密封性，并应将压紧元件用工具拧紧，且进线口应保持密封。多余的进线口其弹性密封圈和金属垫片、封堵件等应齐全，且安装紧固，密封良好"。

典型问题 6：焊机电源线上的工业防脱插头防脱装置损坏。

违章普遍性：高。

判断依据：GB 50194—2014《建设工程施工现场供用电安全规范》1.0.3"施工现场供用电应符合下列原则：2 施工现场供用电设施和电动机具应符合国家现行有关标准的规定，线路绝缘应良好"。

典型问题 7：三相交流同步发电机油品存放在发电机旁，未设置消防器材。

违章普遍性：低。

判断依据：GB 50194—2014《建设工程施工现场供用电安全规范》4.0.2"发电机组的安装和使用应符合下列规定：

1　供电系统接地型式和接地电阻应与施工现场原有供用电系统保持一致。

2　发电机组应设置短路保护、过负荷保护。

3　当两台或两台以上发电机组并列运行时，应采取限制中性点环流的措施。

4　发电机组周围不得有明火，不得存放易燃、易爆物。发电场所应设置可在带电场所使用的消防设施，并应标识清晰、醒目便于取用"。

典型问题8：三相交流同步发电机配电箱仅张贴触电警告，未上锁挂牌管理，无管理人员信息。

违章普遍性：低。

判断依据：JGJ/T 46—2024《建筑与市政工程施工现场临时用电安全技术标准》4.3.2 "配电箱箱门应配锁，并应设专人负责管理"。

典型问题9：某采油厂一施工作业现场配电箱未进行跨接。

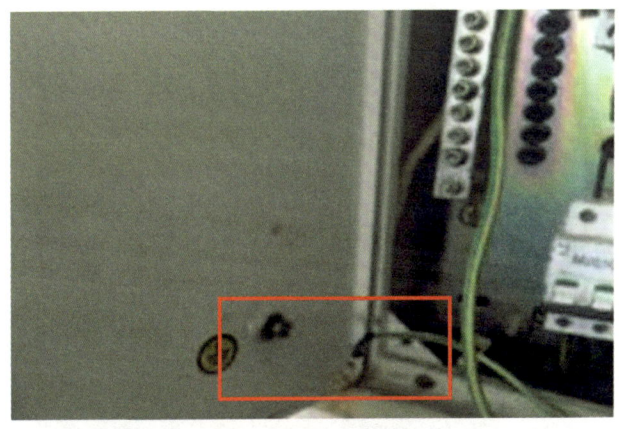

违章普遍性：低。

判断依据：GB 50194—2014《建设工程施工现场供用电安全规范》6.3.12"配电箱的金属箱体、金属电器安装板以及电器正常不带电的金属底座、外壳等应通过保护导体（PE）汇流排可靠接地。金属箱门与金属箱体间的跨接接地线应符合本规范表 6.2.4 的有关规定"。

典型问题 10：配电箱箱门等电位跨接脱离。

违章普遍性：低。

判断依据：GB 50194—2014《建设工程施工现场供用电安全规范》6.3.12"配电箱的金属箱体、金属电器安装板以及电器正常不带电的金属底座、外壳等应通过保护导体（PE）汇流排可靠接地。金属箱门与金属箱体间的跨接接地线应符合本规范表 6.2.4 的有关规定"。

典型问题 11：某采油厂一施工作业现场配电（控制）柜（箱）未做防护，无编号及用途标记。

违章普遍性：低。

判断依据：GB 50194—2014《建设工程施工现场供用电安全规范》6.3.18"配电箱应有名称、编号、系统图及分路标记"。

典型问题 12：作业现场两个压裂液配液罐的接地钎子埋地仅 0.2 m，且接地线与钎子采用缠绕式连接。

违章普遍性：低。

判断依据：GB 50194—2014《建设工程施工现场供用电安全规范》5.3.4"每一接地装置的接地线应采用 2 根及以上导体，在不同点与接地体做电气连接。

不得采用铝导体做接地体或地下接地线。垂直接地体宜采用角钢、钢管或光面圆钢，不得采用螺纹钢。

接地可利用自然接地体，但应保证其电气连接和热稳定"。

典型问题 13：某采油厂一带压检串作业现场：抽水泵电缆搭接在铁质罐体上，接触部位未做绝缘防护。

违章普遍性：低。

判断依据：GB 30871—2022《危险化学品企业特殊作业安全规范》10.6"临时用电设备和线路应按供电电压等级和容量正确使用，所用的电器元件应符合国家相关产品。

标准及作业现场环境要求，临时用电电源施工、安装应符合 JGJ 46 的有关要求，并有良好的接地，临时用电还应满足如下要求：

a）火灾爆炸危险场所应使用相应防爆等级的电源及电气元件，并采取相应的防爆安全措施；

b）临时用电线路及设备应有良好的绝缘，所有的临时用电线路应采用耐压等级不低于 500 V 的绝缘导线；

c）临时用电线路经过有高温、振动、腐蚀、积水及产生机械损伤等区域，不应有接头，并应采取相应的保护措施；

d）临时用电架空线应采用绝缘铜芯线，并应架设在专用电杆或支架上。其最大弧垂与地面距离，在作业现场不低于 2.5 m，穿越机动车道不低于 5 m；

e）对需埋地敷设的电缆线路应设有走向标志和安全标志。电缆埋地深度不应小于 0.7 m，穿越道路时应加设防护套管；

f）现场临时用电配电盘、箱应有电压标识和危险标识，应有防雨措施，盘、箱、门应能牢靠关闭并上锁管理；

g）行灯电压不应超过 36 V；在特别潮湿的场所或塔、釜、槽、罐等金属设备内作业，临时照明行灯电压不应超过 12 V；

h）临时用电设施应安装符合规范要求的漏电保护器，移动工具、手持式电动工具应逐个配置漏电保护器和电源开关。"

典型问题 14：某采油厂一临时施工现场电缆缠绕在金属构件上。

违章普遍性：低。

判断依据：GB 30871—2022《危险化学品企业特殊作业安全规范》10.6 "临时用电设备和线路应按供电电压等级和容量正确使用，所用的电气元件应符合国家相关产品标准及作业现场环境要求，临时用电电源施工、安装应符合 JGJ 46 的有关要求，并有良好的接地，临时用电还应满足如下要求：

a）火灾爆炸危险场所应使用相应防爆等级的电源及电气元件，并采取相应的防爆安全措施；

b）临时用电线路及设备应有良好的绝缘，所有的临时用电线路应采用耐压等级不低于 500 V 的绝缘导线；

c）临时用电线路经过有高温、振动、腐蚀、积水及产生机械损伤等区域，不应有接头，并应采取相应的保护措施；

d）临时用电架空线应采用绝缘铜芯线，并应架设在专用电杆或支架上。其最大弧垂与地面距离，在作业现场不低于 2.5 m，穿越机动车道不低于 5 m；

e）对需埋地敷设的电缆线路应设有走向标志和安全标志。电缆埋地深度不应小于 0.7 m，穿越道路时应加设防护套管；

f）现场临时用电配电盘、箱应有电压标识和危险标识，应有防雨措施，盘、箱、门应能牢靠关闭并上锁管理；

g）行灯电压不应超过 36 V；在特别潮湿的场所或塔、釜、槽、罐等金属设备内作业，临时照明行灯电压不应超过 12 V；

h）临时用电设施应安装符合规范要求的漏电保护器，移动工具、手持式电动工具应逐个配置漏电保护器和电源开关"。

典型问题 15：一临时施工现场发电机未接地保护。

违章普遍性：低。

判断依据：GB 30871—2022《危险化学品企业特殊作业安全规范》10.5"临时用电应设置保护开关，使用前应检查电气装置和保护设施的可靠性。所有的临时用电均应设置接地保护"。

典型问题 16：拆除电机用电线路时，上级开关箱未加锁并挂安全警示标牌。

违章普遍性：低。

判断依据：GB 30871—2022《危险化学品企业特殊作业安全规范》10.4"在开关上接引、拆除临时用电线路时，其上级开关应断电并加挂安全警示标牌"。

典型问题 17：开关箱总空气开关，缺少相间隔弧板。

违章普遍性：低。

判断依据：GB 26859—2011《电力安全工作规程 电力线路部分》10.4.4"在带电的低压配电装置上工作时，应采取防止相间短路和单相接地的绝缘隔离措施"。

典型问题18：从分箱到开关箱采用三相四线制供电，电缆缺少PE线，采用四芯电缆。

违章普遍性：低。

判断依据：GB 50303—2015《建筑电气工程施工质量验收规范》3.3.2"成套配电柜、控制柜（台、箱）和配电箱（盘）的安装应符合下列规定：电源线连接前，应确认电涌保护器（SPD）型号、性能参数符合设计要求，接地线与PE排连接可靠"。

典型问题19：改造现场电焊电线未做支撑架，随意摆放在地上，且还将电线搭在铁板上未做防护。

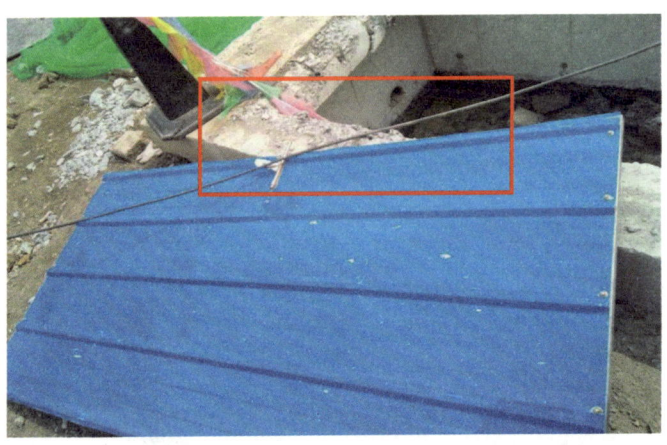

违章普遍性：低。

判断依据：GB 30871—2022《危险化学品企业特殊作业安全规范》10.6"临时用电设

- 43 -

备和线路应按供电电压等级和容量正确使用，所用的电器元件应符合国家相关产品标准及作业现场环境要求，临时用电电源施工、安装应符合 JGJ 46 的有关要求，并有良好的接地，临时用电还应满足如下要求：

　　a）火灾爆炸危险场所应使用相应防爆等级的电源及电气元件，并采取相应的防爆安全措施；

　　b）临时用电线路及设备应有良好的绝缘，所有的临时用电线路应采用耐压等级不低于 500 V 的绝缘导线；

　　c）临时用电线路经过有高温、振动、腐蚀、积水及产生机械损伤等区域，不应有接头，并应采取相应的保护措施；

　　d）临时用电架空线应采用绝缘铜芯线，并应架设在专用电杆或支架上，其最大弧垂与地面距离，在作业现场不低于 2.5 m，穿越机动车道不低于 5 m；

　　e）对需埋地敷设的电缆线路应设有走向标志和安全标志。电缆埋地深度不应小于 0.7 m，穿越道路时应加设防护套管；

　　f）现场临时用电配电盘、箱应有电压标识和危险标识，应有防雨措施，盘、箱、门应能牢靠关闭并上锁管理；

　　g）行灯电压不应超过 36 V；在特别潮湿的场所或塔、釜、槽、罐等金属设备内作业，临时照明行灯电压不应超过 12 V；

　　h）临时用电设施应安装符合规范要求的漏电保护器，移动工具、手持式电动工具应逐个配置漏电保护器和电源开关"。

1.7　动　火　作　业

典型问题 1：动火作业点附近 5 m 内有易燃物。

违章普遍性：低。

判断依据：GB 30871—2022《危险化学品企业特殊作业安全规范》5.2"作业基本要求：c）动火点周围或其下方如有可燃物、电缆桥架、空洞、窨井、地沟、水封设施等，应检查分析并采取清理或封盖等措施；对于动火点周围 30 m 内有可能泄漏易燃、可燃物料的设施，应采取隔离措施"。

典型问题 2：伴热管线碰头动火施工现场，1 具在用氧气瓶瓶阀处漏气。

违章普遍性：低。

判断依据：Q/SY 08365—2021《气瓶使用安全管理规范》4.2"气瓶使用单位应指定气瓶现场管理人员，在接收气瓶时及在气瓶使用过程中定期对气瓶的外表状态进行检查，并按照 Q/SY 08643 的有关要求，挂贴相应的标签。对有缺陷的气瓶，应与其他气瓶分开，并及时重换或报废"。

典型问题 3：动火作业现场乙炔气瓶瓶阀上无专用扳手。

违章普遍性：高。

判断依据：Q/SY 08365—2021《气瓶使用安全管理规范》6.10"开启或关闭瓶阀时，应用手或专用扳手，不应使用锤子、管钳、长柄螺纹扳手，以防损坏阀件。如果阀门损坏，应将气瓶隔离并及时维修"。

典型问题 4：动火点附近未设置灭火器。

违章普遍性：高。

判断依据：GB 30871—2022《危险化学品企业特殊作业安全规范》5.2"作业基本要求：b）动火作业前应清除动火现场及周围的易燃物品，或采取其他有效安全防火措施，并配备消防器材，满足作业现场应急需求"。

典型问题 5：动火作业休息时电焊机焊条未取下。

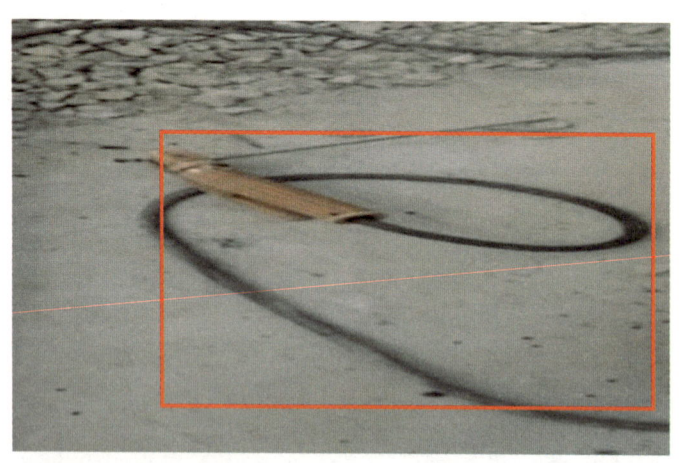

违章普遍性：低。

判断依据：GB 9448—1999《焊接与切割安全》11.5.6 "金属焊条和碳极在不用时必须从焊钳上取下以消除人员或导电物体的触电危险。焊钳在不使用时必须置于与人员、导电体、易燃物体或压缩空气瓶接触不到的地方"。

典型问题 6：某采油厂一井场动火作业动火点距氧气瓶距离仅有 4 m。

违章普遍性：低。

判断依据：GB 30871—2022《危险化学品企业特殊作业安全规范》5.2 "作业基本要求：m）使用气焊、气割动火作业时，乙炔瓶应直立放置，氧气瓶与乙炔瓶的间距不应小于 5 m，二者与作业地点间距不应小于 10 m，并应设置防晒设施与防倾倒措施"。

典型问题 7：某采油厂一井场动火作业动火点现场使用的焊条未放入保温桶。

违章普遍性：低。

判断依据：JB/T 3223—2017《焊接材料质量管理规程》7.3.4"烘干后的焊接材料，应在保持规定温度范围内的烘箱或保湿筒内保存，以备使用"。

典型问题 8：某采油厂一井场动火作业动火点现场气瓶距离不符合标准。

违章普遍性：低。

判断依据：GB 30871—2022《危险化学品企业特殊作业安全规范》5.2"作业基本要求：m）使用气焊、气割动火作业时，乙炔瓶应直立放置，氧气瓶与乙炔瓶的间距不应小于 5 m，二者与作业地点间距不应小于 10 m，并应设置防晒设施与防倾倒措施"。

典型问题 9：动火作业实施过程中现场无监护人员。

违章普遍性：低。

判断依据：GB 30871—2022《危险化学品企业特殊作业安全规范》4.10"特殊作业应满足的其他要求如下：

a）严禁在火灾、爆炸危险性区域内设置固定动火区；

b）特种作业和特种设备作业人员应取得相应资质证书，持证上岗；

c）特殊作业应设监护人，监护人应经生产单位或作业单位培训，佩戴明显标识，持培训合格证上岗。特殊作业进行期间，监护人不得擅自离开"。

典型问题 10：丙烷气瓶、氧气瓶及动火点三者之间安全距离不符合安全要求。

违章普遍性：低。

判断依据：GB 30871—2022《危险化学品企业特殊作业安全规范》5.2 "作业基本要求：m）使用气焊、气割动火作业时，乙炔瓶应直立放置，氧气瓶与乙炔瓶的间距不应小于 5 m，二者与作业地点间距不应小于 10 m，并应设置防晒设施与防倾倒措施"。

典型问题 11：气瓶瓶帽出现断裂。

违章普遍性：低。

判断依据：Q/SY 08365—2021《气瓶使用安全管理规范》4.3 "对气瓶的检查主要包括以下方面：

a）气瓶是否有清晰可见的外表涂色和警示标签。气瓶颜色应满足 GB/T 7144 的要求，警示标签应满足 GB/T 16804 的要求。常见气瓶颜色标志应符合附录 A 的规定，瓶装气体危险特性警示标签应符合附录 B 的规定。

b）气瓶的外表是否存在腐蚀、变形、磨损、裂纹、弧疤、焊迹等严重缺陷。

c）气瓶的附件（防震圈、瓶帽、瓶阀、紧急切断阀、安全泄压装置、限充及限流装置）是否齐全、完好。

d）气瓶是否超过定期检验周期。

e）气瓶的使用状态［满（实）瓶、使用中、空瓶］"。

典型问题 12：氧气及丙烷气瓶均未挂状态标签。

违章普遍性：低。

判断依据：Q/SY 08365—2021《气瓶使用安全管理规范》4.3 "对气瓶的检查主要包括以下方面：

a）气瓶是否有清晰可见的外表涂色和警示标签。气瓶颜色应满足 GB/T 7144 的要求，警示标签应满足 GB/T 16804 的要求。常见气瓶颜色标志应符合附录 A 的规定，瓶装气体危险特性警示标签应符合附录 B 的规定。

b）气瓶的外表是否存在腐蚀、变形、磨损、裂纹、弧疤、焊迹等严重缺陷。

c）气瓶的附件（防震圈、瓶帽、瓶阀、紧急切断阀、安全泄压装置、限充及限流装置）是否齐全、完好。

d）气瓶是否超过定期检验周期。

e）气瓶的使用状态［满（实）瓶、使用中、空瓶］"。

典型问题 13：氩气瓶压力表超期未检。

违章普遍性：低。

判断依据：Q/SY 08365—2021《气瓶使用安全管理规范》4.3"对气瓶的检查主要包括以下方面：

a）气瓶是否有清晰可见的外表涂色和警示标签。气瓶颜色应满足 GB/T 7144 的要求，警示标签应满足 GB/T 16804 的要求。常见气瓶颜色标志应符合附录 A 的规定，瓶装气体危险特性警示标签应符合附录 B 的规定。

b）气瓶的外表是否存在腐蚀、变形、磨损、裂纹、弧疤、焊迹等严重缺陷。

c）气瓶的附件（防震圈、瓶帽、瓶阀、紧急切断阀、安全泄压装置、限充及限流装置）是否齐全、完好。

d）气瓶是否超过定期检验周期。

e）气瓶的使用状态［满（实）瓶、使用中、空瓶］"。

典型问题 14：动火点附近未设置灭火器。

违章普遍性：低。

判断依据：GB 30871—2022《危险化学品企业特殊作业安全规范》5.2 "作业基本要求：b）动火作业前应清除动火现场及周围的易燃物品，或采取其他有效安全防火措施，并配备消防器材，满足作业现场应急需求"。

典型问题 15：工艺改造动火作业，现场两处动火点未摆放灭火器。

违章普遍性：低。

判断依据：GB 30871—2022《危险化学品企业特殊作业安全规范》5.2 "作业基本要求：b）动火作业前应清除动火现场及周围的易燃物品，或采取其他有效安全防火措施，并配备消防器材，满足作业现场应急需求"。

典型问题 16：动火作业现场，物料堆放混乱未预留安全通道。

违章普遍性：低。

判断依据：GB 30871—2022《危险化学品企业特殊作业安全规范》4.4"作业前，作业单位应对作业现场及作业过程涉及的设备设施、工器具等进行检查，并使之符合如下要求：

b）作业现场消防通道、行车通道应保持畅通，影响作业安全的杂物应清理干净"。

典型问题 17：乙炔气瓶无防晒防倾倒措施。

违章普遍性：低。

判断依据：Q/SY 08365—2021《气瓶使用安全管理规范》6.6"气瓶应立放使用，不应卧放，并应采取防止倾倒的措施。乙炔气瓶使用前，应先直立 20 min 后然后连接减压阀使用"。

典型问题 18：高温下气瓶没有采取防晒措施。

违章普遍性：低。

判断依据：Q/SY 08365—2021《气瓶使用安全管理规范》6.4 "气瓶不应靠近热源，安放气瓶的地点周围 10 m 范围内，不应进行有明火或可能产生火花的作业（高空作业时，此距离为在地面的垂直投影距离）气瓶应采取措施防止暴晒、雨淋、水浸"。

典型问题 19：地面切割作业中操作人员未佩戴个人防护用品。

违章普遍性：低。

判断依据：GB 30871—2022《危险化学品企业特殊作业安全规范》4.5 "进入作业现场的人员应正确佩戴符合 GB 2811 要求的安全帽，并按规定着装及佩戴相应的个体防护用品。作业时，作业人员应遵守本工种安全技术操作规程"。

典型问题 20：风机更换动火作业，焊钳不用时未将焊条取下。

违章普遍性：低。

判断依据：GB 9448—1999《焊接与切割安全》11.5.6"金属焊条和碳极在不用时必须从焊钳上取下以消除人员或导电物体的触电危险。焊钳在不使用时必须置于与人员、导电体、易燃物体或压缩空气瓶接触不到的地方"。

1.8 盲板抽堵作业

典型问题1：现场隔离措施及隔离设备数量与隔离清单不符。

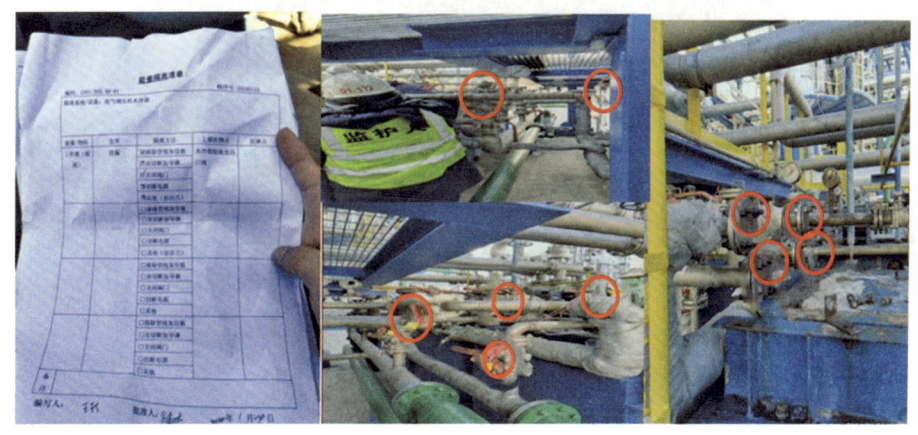

违章普遍性：低。

判断依据：GB 30871—2022《危险化学品企业特殊作业安全规范》7.3"作业单位应按图进行盲板抽堵作业，并对每个盲板设标牌进行标识，标牌编号应与盲板位置图上的盲板编号一致。生产车间（分厂）应逐一确认并做好记录"。

典型问题2：管线打开作业中涉及阀门拆除、安全阀拆除及盲板封堵等作业，仅办理一张作业许可。

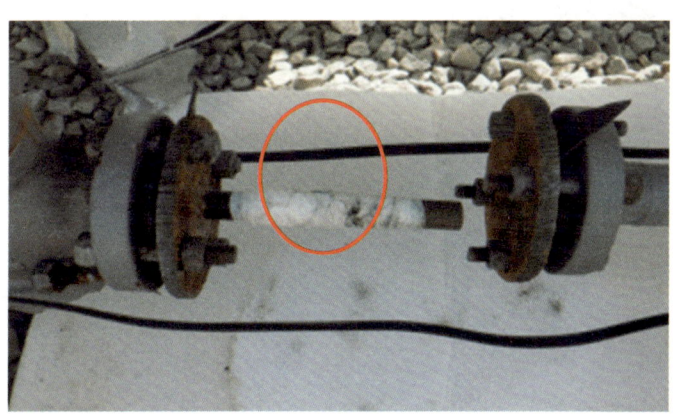

违章普遍性：低。
判断依据：GB 30871—2022《危险化学品企业特殊作业安全规范》7.11"同一盲板的抽、堵作业，应分别办理盲板抽、堵安全作业票，一张安全作业票只能进行一块盲板的一项作业"。

典型问题3：管线打开处未设置气体检测仪。

违章普遍性：低。
判断依据：GB 30871—2022《危险化学品企业特殊作业安全规范》7.9"在有毒介质的管道、设备上进行盲板抽堵作业时，作业人员应按 GB 39800.1 的要求选用防护用具。在涉及硫化氢、氯气、氨气、一氧化碳及氰化物等毒性气体的管道、设备上进行作业时，除满足上述要求外，还应佩戴移动式气体检测仪"。

1.9　脚手架作业

典型问题1：某采油厂施工现场，现场高处施工作业面未铺满。

违章普遍性：较高。

判断依据：GB/T 50484—2019《石油化工建设工程施工安全技术标准》6.3.5 "作业层脚手板应铺满、铺稳、铺实"。

典型问题2：未经验收合格的脚手架通道入口，无禁止使用标识牌。

违章普遍性：低。

判断依据：GB/T 50484—2019《石油化工建设工程施工安全技术标准》6.3.23 "脚手架搭设完毕，应经检查验收合格后挂牌使用"。

典型问题3：某采油厂施工现场，现场高处施工作业脚手架未标明是否处于完好可用、限制使用或禁用状态。

违章普遍性：低。

判断依据：GB/T 50484—2019《石油化工建设工程施工安全技术标准》6.3.23 "脚手架搭设完毕，应经检查验收合格后挂牌使用"。

典型问题 4：某采油厂施工现场，现场高处施工作业脚手架楼梯踏步未满铺固定。

违章普遍性：低。

判断依据：GB/T 50484—2019《石油化工建设工程施工安全技术标准》6.3.5 "作业层脚手板应铺满、铺稳、铺实"。

典型问题 5：某采油厂施工现场，现场高处施工脚手架上堆放杂物。

违章普遍性：低。

判断依据：GB/T 50484—2019《石油化工建设工程施工安全技术标准》3.5.8"高处材料应堆放平整"。

典型问题 6：某采油厂施工现场，脚手架粉刷作业层未设护栏或只设单护栏并且护栏未连成封闭整体。

违章普遍性：低。

判断依据：GB 4053.3—2009《固定式钢梯及平台安全要求 第 3 部分：工业防护栏杆及钢平台》4.1.1"距下方相邻地板或地面 1.2 m 及以上的平台、通道或工作面的所有敞开边缘应设置防护栏杆"。

典型问题 7：某采油厂施工现场，脚手架接头中心距最近主节点的距离大于纵距的 1/3。

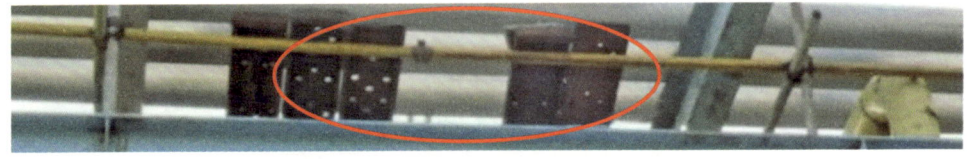

违章普遍性：低。

判断依据：JGJ 130—2011《建筑施工扣件式钢管脚手架安全技术规范》6.2.1"两根相邻纵向水平杆的接头不应设置在同步或同跨内；不同步或不同跨两个相邻接头在水平方向错开的距离不应小于 500 mm；各接头中心至最近主节点的距离不应大于纵距的 1/3"。

典型问题 8：某采油厂维修现场，活动脚手架基础不实并且防倾倒措施不到位。

违章普遍性：低。

判断依据：JGJ 59—2011《建筑施工安全检查标准》3.3.3.2"架体应在距立杆底端高度不大于 200 mm 处放置纵、横向扫地杆，并应用直角扣件固定在立杆上，横向扫地杆应设置在纵向扫地杆的下方"。

典型问题9：某采油厂施工现场，现场脚手架存在探头板、未满铺、未绑扎固定。

违章普遍性：低。

判断依据：GB/T 50484—2019《石油化工建设工程施工安全技术规范》6.3.11"作业层应满铺脚手板"。

典型问题 10：脚手板未固定。

违章普遍性：低。

判断依据：GB/T 50484—2019《石油化工建设工程施工安全技术规范》6.3.11 "作业层应满铺脚手板，脚手板应设置在 3 根横向水平杆上。当脚手板长度小于 2 m 时，可用 2 根横向水平杆支撑；脚手板两端应用铁丝绑扎固定"。

典型问题 11：设门式脚手架没有采取连墙或加抛撑加固措施。

违章普遍性：低。

判断依据：JGJ 59—2011《建筑施工安全检查标准》3.3.3.2 "架体应在距立杆底端高度不大于 200 mm 处放置纵、横向扫地杆，并应用直角扣件固定在立杆上，横向扫地杆应设置在纵向扫地杆的下方"。

典型问题 12：设门式脚手架没有采取连墙或加抛撑加固措施。

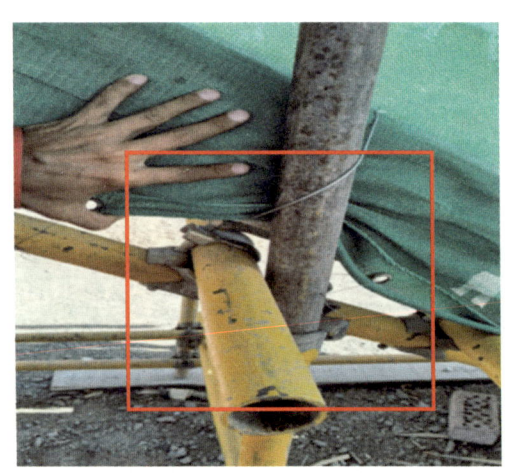

违章普遍性：低。

判断依据：JGJ 59—2011《建筑施工安全检查标准》3.3.3.2 "架体应在距立杆底端高度不大于 200 mm 处放置纵、横向扫地杆，并应用直角扣件固定在立杆上，横向扫地杆应设置在纵向扫地杆的下方"。

典型问题 13：脚手架立杆使用有明显竖向裂纹且起鼓、孔洞的钢管。

违章普遍性：低。

判断依据：GB/T 50484—2019《石油化工建设工程安全技术标准》6.3.20 "脚手架搭设完毕，应经检查验收合格后挂牌使用"。

典型问题 14:CO_2 储罐区使用的门式脚手架连接点未穿销轴而用细铁丝代替。

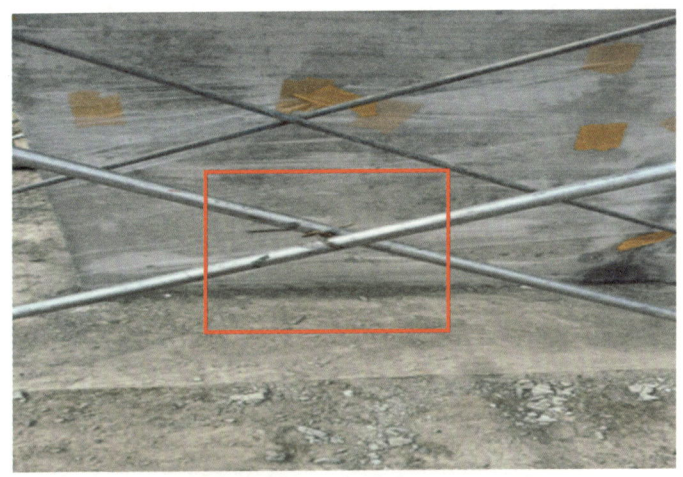

违章普遍性:低。

判断依据:GB/T 50484—2019《石油化工建设工程安全技术标准》6.3.23 "脚手架搭设完毕,应经检查验收合格后挂牌使用"。

典型问题 15:CO_2 储罐区使用的门式脚手架连接点未穿销轴而用细铁丝代替。

违章普遍性:低。

判断依据:GB/T 50484—2019《石油化工建设工程安全技术标准》6.3.23 "脚手架搭设完毕,应经检查验收合格后挂牌使用"。

2 场站管理

2.1 井场作业

2.1.1 采油作业

典型问题 1：刹车摆臂被辅助刹车纵向连杆阻挡。

违章普遍性：低。

判断依据：Q/SY 08126.1—2022《油气田现场安全检查规范 第1部分：陆上油气生产作业》表 B.3 抽油机检查表"刹车应灵活可靠，锁紧机构完好，保证由柄在任何位置时均能有效制动。刹车行程在刹车盘的 1/3～2/3 之间"。

典型问题 2：抽油机底座无护栏及相应警示标识。

2 场站管理

违章普遍性：中。

判断依据：Q/SY 08126.1—2022《油气田现场安全检查规范 第1部分：陆上油气生产作业》表B.3 抽油机检查表"机架基础上2 m高度范围内应安装防护栏杆，并设置警示标识"。

典型问题3：某采油厂一井口双驴头抽油机底部滑轮左侧固定丝杠上下备帽均未锁紧。

违章普遍性：中。

判断依据：Q/SY 08126.1—2022《油气田现场安全检查规范 第1部分：陆上油气生

- 65 -

产作业》表C.1 陆上油气生产作业采油作业现场操作过程安全检查表"抽油机停抽时根据油井生产状况,将抽油机停在合适位置,刹紧刹车(锁死辅助刹车),切断电源,若长期关井,应关闭生产阀门,紧死二级光杆密封器,受冻地区将水套炉关火放水,扫净管线内残留物"。

典型问题4:井口采油树本体油污渗漏严重。

违章普遍性:低。

判断依据:Q/SY 08126.1—2022《油气田现场安全检查规范 第1部分:陆上油气生产作业》表A.1 陆上油气生产作业采油采气现场安全基础管理检查表"生产现场应无油污,管线、阀门、储液罐等设备设施无油气水跑、冒,滴、漏现象"。

典型问题5:抽油机平衡块及锁块固定螺丝松脱,易造成抽油机单臂运行导致倾覆。

违章普遍性：中。

判断依据：Q/SY 08126.1—2022《油气田现场安全检查规范 第1部分：陆上油气生产作业》表 B.3 抽油机检查表"抽油机曲柄、平衡块、曲柄销固定背帽及中尾轴、连杆固定螺栓处应设置检查红线"。

典型问题 6：抽油机刹车片磨损过度或油封漏油至刹车片，导致刹车效果减弱，无法有效固定抽油机。

违章普遍性：低。

判断依据：Q/SY 08126.1—2022《油气田现场安全检查规范 第1部分：陆上油气生产作业》表 C.1 陆上油气生产作业采油作业现场操作过程安全检查表"抽油机停抽时根据油井生产状况，将抽油机停在合适位置，刹紧刹车（锁死辅助刹车），切断电源，若长期关井，应关闭生产阀门，紧死二级光杆密封器，受冻地区将水套炉关火放水，扫净管线内残留物"。

典型问题 7：抽油机曲柄、平衡块、曲柄销固定未设置检查红线。

违章普遍性：低。

判断依据：Q/SY 08126.1—2022《油气田现场安全检查规范 第1部分：陆上油气生产作业》表 B.3 抽油机检查表"4.抽油机曲柄、平衡块、曲柄销固定背帽及中尾轴、连杆固定螺栓处应设置检查红线"。

典型问题 8：抽油机刹车无法固定。

违章普遍性：中。

判断依据：Q/SY 08126.1—2022《油气田现场安全检查规范 第1部分：陆上油气生产作业》表 C.1 陆上油气生产作业采油作业现场操作过程安全检查表"抽油机停抽时根据油井生产状况，将抽油机停在合适位置，刹紧刹车（锁死辅助刹车），切断电源，若长期关井,应关闭生产阀门,紧死二级光杆密封器,受冻地区将水套炉关火放水,扫净管线内残留物"。

典型问题 9:抽油机防护网未悬挂的安全标志牌。

违章普遍性:中。

判断依据:Q/SY 08126.1—2022《油气田现场安全检查规范 第 1 部分:陆上油气生产作业》表 B.3 抽油机检查表"机架基础上 2 m 高度范围内应安装防护栏杆,并设置警示标识"。

典型问题 10:抽油机悬绳器钢丝绳断股,造成抽油杆掉落。

违章普遍性：低。

判断依据：Q/SY 08126.1—2022《油气田现场安全检查规范 第 1 部分：陆上油气生产作业》表 B.3 抽油机检查表"抽油机整机应运转平稳，无异常响声，无明显振动，无卡杆、无偏磨井口填料盒。悬绳器各连接件和紧固件应牢固、不松动，钢丝绳不磨驴头边沿，无断股"。

典型问题 11：压力变送器使用功率与实际井口压力不符。

违章普遍性：低。

判断依据：Q/SY 08126.1—2022《油气田现场安全检查规范 第 1 部分：陆上油气生产作业》表 C.1 陆上油气生产作业采油作业现场操作过程安全检查表"2.选择合适量程气表，开测气阀门测气，记录液面在标高下线和标高上线的气表读数"。

典型问题 12：取样口阀门选择与管道压力不符。

违章普遍性：低。

判断依据：Q/SY 08126.1—2022《油气田现场安全检查规范 第 1 部分：陆上油气生产作业》表 C.1 陆上油气生产作业采油作业现场操作过程安全检查表"2.选择合适量程气表，开测气阀门测气，记录液面在标高下线和标高上线的气表读数"。

典型问题 13：抽油机中轴操作平台踏板损坏。

违章普遍性：低。

判断依据：Q/SY 08126.1—2022《油气田现场安全检查规范 第 1 部分：陆上油气生产作业》表 B.3 抽油机检查表"7.抽油机支架梯子、护栏、操作平台或护圈固定牢固，护栏设置警示标识"。

典型问题 14：井场使用的电源线电缆接头为非防爆接头。

违章普遍性：低。

判断依据：Q/SY 08126.1—2022《油气田现场安全检查规范 第 1 部分：陆上油气生产作业》表 B.27 防爆电气设备安全检查表"防爆电气设备的进线口与电缆、导线应能可靠地接线和密封，电气设备多余的电缆引入口应用适用于相关防爆型式的堵塞元件进行封堵"。

典型问题 15：抽油机护栏部分损坏未及时整改，未制订防控措施。

违章普遍性：低。

判断依据：Q/SY 08126.1—2022《油气田现场安全检查规范 第 1 部分：陆上油气生产作业》表 B.3 抽油机检查表"机架基础上 2 m 高度范围内应安装防护栏杆，并设置警示标识"。

典型问题 16：井套管压力表未标红线。

违章普遍性：低。

判断依据：Q/SY 08126.1—2022《油气田现场安全检查规范 第 1 部分：陆上油气生产作业》表 B.22 压力表、液位计安全检查表"压力表安装前应进行校验，在刻度盘上划出指示工作压力的红线"。

2 场站管理

典型问题 17：玻璃钢复合管，试压没有压土防甩管。

违章普遍性：低。

判断依据：GB 50235—2010《工业金属管道工程施工规范》8.6.3 "压力试验前应具备下列条件：

1 试验范围内的管道安装工程除防腐、绝热外，已按设计图纸全部完成，安装质量符合有关规定。

2 焊缝及其他待检部位尚未防腐和绝热。

3 管道上的膨胀节已设置临时约束装置。

4 试验用压力表已校验，并在有效期内，其精度不得低于1.6级，表的满刻度值应为被测最大压力的1.5倍～2倍，压力表不得少于2块。

5 符合压力试验要求的液体或气体已备足。

6 管道已按试验的要求进行加固"。

典型问题 18：井场抽油机护栏部分破损。

违章普遍性：低。

判断依据：Q/SY 08126.1—2022《油气田现场安全检查规范 第1部分：陆上油气生产作业》表 B.3 抽油机检查表"机架基础上 2 m 高度范围内应安装防护栏杆，并设置警示标识"。

2.1.2 修井作业

典型问题 1：钻杆架缺安全插销。

违章普遍性：低。

判断依据：Q/SY 08131.4—2024《工程技术现场安全检查规范 第4部分钻井作业》表 A.1 钻井作业安全管理检查项目及要求"11 安全防范设备设施管理 k) 各类压力表、安全阀、保险销安装齐全，按期检查、检验和检定"。

典型问题 2：半封闸板手动锁紧杆行程距离不够。

违章普遍性：低。

判断依据：Q/SY 08131.5—2024《工程技术现场安全检查规范 第 5 部分：修井作业》表 A.1 修井作业现场安全基础管理检查表"9.8 安装钻台（操作台）的作业井，液控闸板防喷器应装齐手动锁紧杆，并伸出钻台（操作台），靠手轮端应支撑牢固，其中心与锁紧轴之间的夹角不大于 30°。挂牌标明开关状态及圈数"。

典型问题 3：抽油机后尾轴钢丝绳锈蚀其他两台抽油机前驴头钢丝绳缺油；抽油机平衡块、曲柄销备帽处无检查红线。

违章普遍性：低。

判断依据：Q/SY 08126.1—2022《油气田现场安全检查规范 第 1 部分：陆上油气生产作业》表 B.3 "4.抽油机曲柄、平衡块、曲柄销固定背帽及中尾轴、连杆固定螺栓处应设置检查红线"。

典型问题 4：井口防喷器法兰与就扣法兰螺栓未满扣。

违章普遍性：低。

判断依据：Q/SY 08131.4—2024《工程技术现场安全检查规范 第 4 部分：钻井作业》表 B.1 钻井作业现场设备设施检查项目及要求"2- 顶驱 - 内防喷器：b）防松装置及配件齐全、紧固可靠"。

典型问题 5：修井现场风向标数量不足。

违章普遍性：低。

判断依据：Q/SY 08131.5—2024《工程技术现场安全检查规范 第 5 部分：修井作业》表 A.1 修井作业现场安全基础管理检查表"3.11 作业现场应设置不少于 2 个风向标（风向袋、彩带、旗帜或其他相应设施），风向标应设置在便于观察到的地方"。

典型问题 6：某油田井场现场维修时监督检查发现，井架天车防碰撞装置防碰杆短，井下作业过程中井架无有效天车防碰装置。

问题普遍性：低。

判断依据：Q/SY 08131.5—2024《工程技术现场安全检查规范 第 5 部分：修井作业》表 B.1 修井作业现场设备设施安全检查表"3.11 天车防碰装置灵活好用，防碰距离应不小于 2.5 m，且在 1.5 s 内能实现滚筒制动。应定期检查防碰装置的完好性"。

典型问题 7：大绳死绳头安装少于 6 个固定绳卡。

问题普遍性：低。

判断依据：Q/SY 08131.5—2024《工程技术现场安全检查规范 第 5 部分：修井作业》表 B.1 修井作业现场设备设施安全检查表"2.5 大绳死绳走井架腹内，且不得拖挂在井架上，死绳头用 5 个以上配套绳卡固定牢靠，卡距为钢丝绳直径的 6~8 倍，死绳末端应系猪蹄扣且与井架底座相连，并用 2 个绳卡固定。使用 BJ 系列井架时，底部绳套兜绕于井架双腿上（有悬绳器的井架除外），并用 5 个绳卡固定，固定后钢丝绳应有不少于 1 m 以上的余量"。

典型问题 8：现场回注用水泵电机未安装接地线。

问题普遍性：低。

判断依据：Q/SY 08131.5—2024《工程技术现场安全检查规范 第 5 部分：修井作业》表 A.1 修井作业现场安全基础管理检查表"4.24 值班房、宿营房、循环罐、发电（机）房、电动机、配电室、配电箱等井场电器设备应安装接地线。野营房防雷接地电阻应不大于 10 Ω，电器设接地不大于 4 Ω"。

典型问题 9：吊钩与抽油杆不垂直，偏差较大，导致抽油杆磨损变形。

违章普遍性：低。

判断依据：Q/SY 08131.5—2024《工程技术现场安全检查规范 第 5 部分：修井作业》表 B.1 "修井作业现场设备设施安全检查表 1.2 天车、游动滑车、井口在同一垂直线上，空载时偏差不得超过 40 mm"。

典型问题 10：提升钢丝绳有严重损、锈蚀及挤压、弯扭等变形现象，以及打结、锈蚀、夹扁等缺陷。

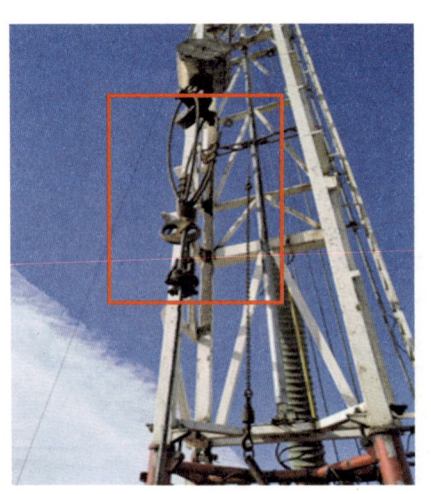

违章普遍性：低。

判断依据：Q/SY 08131.5—2024《工程技术现场安全检查规范 第 5 部分：修井作业》表 B.1 修井作业现场设备设施安全检查表"2.3 提升钢丝绳应符合 SY/T 5170 的规定，直径不小于 19 mm，不应有严重磨损、锈蚀及挤压、弯扭等变形。无打结、锈蚀、夹扁等缺陷"。

典型问题 11：抽油杆吊钩钢丝绳绳卡数量不够及缠绕圈数不足。

违章普遍性：低。

判断依据：Q/SY 08131.5—2024《工程技术现场安全检查规范 第 5 部分：修井作业》表 B.1 修井作业现场设备设施安全检查表"2.12 抽油杆吊钩应符合 SY/T 5236 的规定，保险销灵活好用，应使用直径不小于 15.5 mm 的钢丝绳缠绕 2 圈，用 4 个绳卡固定，并定期检测"。

典型问题 12：修井机船型底座未保持水平，修井机各千斤支座不稳固。

违章普遍性：低。

判断依据：Q/SY 08131.5—2024《工程技术现场安全检查规范　第 5 部分：修井作业》6.6.3.1 "修井机船型底座应保持水平，修井机各千斤支座稳固，并锁紧各支腿螺母"。

典型问题 13：井架绷绳使用直径小于 ϕ15.5 mm 的钢丝绳，绷绳存在打结、断股、锈蚀、夹扁等缺陷。

违章普遍性：低。

判断依据：Q/SY 08131.5—2024《工程技术现场安全检查规范　第 5 部分：修井作业》表 B.1　修井作业现场设备设施安全检查表 "3.1 修井机作业时，各千斤支座稳固，地面应平整坚实，并锁紧各支腿备帽螺母。额定钩载 800 kN 及以上修井机应使用船型底座并应保持水平"。

典型问题 14：井架绷绳的每端未使用与绷绳规格相匹配的绳卡固定，绳卡数量不足 4 个。

违章普遍性：低。

判断依据：Q/SY 08131.5—2024《工程技术现场安全检查规范 第 5 部分：修井作业》表 B.1 修井作业现场设备设施安全检查表"2.7 绷绳的每端应使用与绷绳规格相匹配的 4 个绳卡固定，绳卡压板压在工作绳上，卡距为绷绳直径的 6～8 倍，卡紧程度以钢丝绳变形 1/3 为准"。

典型问题 15：井架绷绳地锚未避开管沟、水坑、钻井液池等处。

违章普遍性：低。

判断依据：Q/SY 08131.5—2024《工程技术现场安全检查规范 第 5 部分：修井作业》表 B.1 修井作业现场设备设施安全检查表"2.12 井架绷绳地锚或地锚坑应避开管沟、水坑、钻井液池等处，不应打在虚土或水坑等松软地中"。

典型问题 16：地锚耳开口未朝向井架，地锚销应安装垫圈和开口销未进行锁固或使用带螺母的地锚销上紧。

违章普遍性：低。

判断依据：Q/SY 08131.5—2024《工程技术现场安全检查规范 第 5 部分：修井作业》表 B.1 修井作业现场设备设施安全检查表 "2.13 地锚外露不高于 100 mm，地锚耳开口应朝向井架；地锚销应安装垫圈和开口销进行锁固或使用带螺母的地锚销上紧"。

典型问题 17：液压钳钳口挡板缺失。

违章普遍性：低。

判断依据：SY/T 5727—2020《井下作业安全规程》3.14.1 "液压动力钳应符合标准要求，完好、灵活好用，主钳钳口应装防护板，高低速挡灵敏，转速稳定、清洁、密封，钳牙不缺且固定牢靠"。

典型问题 18：防喷器井口各闸门开关状态正确，未做好状态标识。

违章普遍性：低。

判断依据：SY/T 5727—2020《井下作业安全规程》3.17.3 "防喷器应装齐闸板手动操作杆，井口各闸门开关应有状态标识"。

典型问题 19：液压钳使用钢丝绳存在断股、断丝。

违章普遍性：低。

判断依据：SY/T 5727—2020《井下作业安全规程》3.14.2 "液压动力钳吊绳、尾绳应根据其型号选用直径 9.5～15.5 mm 的钢丝绳，每端各用 3 个以上绳卡卡好，卡距为钢丝绳直径的 6～8 倍"。

典型问题 20：吊环变形磨损，未定期探伤。

违章普遍性：低。

判断依据：SY/T 5727—2020《井下作业安全规程》3.13.1"吊环应等长并无变形，应定期探伤，吊环磨损应符合 SY/T 6605 的规定"。

典型问题 21：作业现场，网电修井机操作台护栏局部缺失。

违章普遍性：低。

判断依据：Q/SY 08126.1—2022《油气田现场安全检查规范　第 1 部分：陆上油气生产作业》表 B.17　固定式钢梯、平台和护栏安全检查表"5.距下方相邻地板或地面 1.2 m 及以上的平台、通道或工作面的所有敞开边缘应设置防护栏杆；在平台通道或工作面上可能使用工具、机械部件或物品场合，应在所有敞开边缘设置带踢脚板的防护栏杆"。

典型问题 22：压井和节流管汇闸门无编号和开关状态标识。

违章普遍性：低。

判断依据：SY/T 5727—2020《井下作业安全规程》3.17.5 "节流管汇和压井管汇的额定工作压力应不小于防喷器的额定工作压力，各闸门开关应有状态标识"。

典型问题 23：井口操作台护栏使用简易麻绳捆绑、不规范，且操作台上下梯子与地面夹角接近 60°，不符合梯子与地面夹角不大于 45°的要求。

违章普遍性：低。

判断依据：Q/SY 08131.5—2024《工程技术现场安全检查规范 第 5 部分：修井作业》表 B.1 修井作业现场设备设施安全检查表 "11.6 操作台安装基础应坚实，操作台高于 1 m 应安装护栏、梯子，操作台距基准面高度小于 2 m 时，护栏高度应不低于 900 mm，在距基准面高度大于或等于 2 m 时，护栏高度应不低于 1050 mm。梯子与地面夹角不大于 45°，固定牢靠"。

典型问题 24：作业完井后井口恢复不及时，未设置安全警戒，井场内油毛毡、废防渗布等固体废弃物、危险废弃物未及时合规处置。

违章普遍性：低。

判断依据：Q/SY 08130.1—2022《工程建设现场安全检查规范 第 1 部分：油田建设》表 A.2 现场通用管理要求检查表"4 危险化学品 2.危险化学品应分类专库储存，专人管理。库房内应通风良好，并应设置禁止明火标志"。

典型问题 25：压井管汇被用作日常灌液。

违章普遍性：低。

判断依据：SY/T 6432—2019《浅海石油作业井控规范》7.2.6 "井控管汇：a）井控管汇包括压井管汇和节流管汇。井控管汇压力级别应高于或等于防喷器压力级别"。

典型问题 26：起下作业井口未安装自封。

违章普遍性：低。

判断依据：SY/T 5727—2020《井下作业安全规程》4.2.9"在油管桥上提放单根管柱时应使吊卡开口朝上，如油管支架低于自封法兰面，应采取防范措施"。

典型问题 27：绷绳卡紧程度不够。

违章普遍性：低。

判断依据：SY/T 5727—2020《井下作业安全规程》3.7.6"花篮丝杠两端挂环应封口，许用载荷应与绷绳相匹配并有调节松紧余地"。

典型问题 28：手动防喷器无开、关标识牌。

违章普遍性：低。

判断依据：SY/T 5727—2020《井下作业安全规程》3.17.5"节流管汇和压井管汇的额定工作压力应不小于防喷器的额定工作压力，各闸门开关应有状态标识"。

典型问题 29：现场冲砂洗井用高压软管连接处未装保险绳。

违章普遍性：低。

判断依据：SY/T 5727—2020《井下作业安全规程》4.8.7"活动管线每一个活接头连接处应加装保险绳"。

典型问题 30：返出含油混合液盛装罐底未按环保要求铺设防渗膜。

违章普遍性：低。

判断依据：Q/SY 08130.1—2022《工程建设现场安全检查规范 第1部分：油田建设》表 A.2 现场通用管理要求检查表"4 危险化学品 2. 危险化学品应分类专库储存，专人管理。库房内应通风良好，并应设置禁止明火标志"。

典型问题 31：绞车钢丝绳夹的夹座扣在尾端上，应扣在工作绳上。

违章普遍性：低。

判断依据：SY/T 5727—2020《井下作业安全规程》3.7.5"绳卡安装方向应符合 U 型环卡在辅绳上的要求。卡距为绷绳直径的 6~8 倍，卡紧程度以钢丝绳变形 1/3 为准"。

典型问题 32：井口防喷器未挂开关标识。

违章普遍性：低。

判断依据：SY/T 5727—2020《井下作业安全规程》3.17.5"节流管汇和压井管汇的额定工作压力应不小于防喷器的额定工作压力，各闸门开关应有状态标识"。

典型问题 33：现场井口工具、用具落地，防渗漏措施不到位。

违章普遍性：低。

判断依据：SY/T 5727—2020《井下作业安全规程》5.7 "施工井场应备有足够容积的储液池（罐），并有良好的防渗漏措施"。

2.1.3 钻井作业

典型问题 1：压井管汇处锁紧杆下缺少操作台。

违章普遍性：低。

判断依据：Q/SY 08131.5—2024《工程技术现场安全检查规范　第 5 部分：修井作业》表 B.1　修井作业现场设备设施安全检查表 "11.6 操作台安装基础应坚实，操作台高于 1 m 应安装护栏、梯子，操作台距基准面高度小于 2 m 时，护栏高度应不低于 900 mm，在距基准面高度大于或等于 2 m 时，护栏高度应不低于 1050 mm。梯子与地面夹角不大于 45°，固定牢靠"。

典型问题 2：部分钻井液洒落地面。

违章普遍性：低。

判断依据：SY/T 5727—2020《井下作业安全规程》5.7 "施工井场应备有足够容积的储液池（罐），并有良好的防渗漏措施"。

典型问题 3：远控台环型压力值不稳定，井控警示牌破裂当量钻井液密度值不准确。

违章普遍性：低。

判断依据：SY/T 5727—2020《井下作业安全规程》3.17.8 "防喷器远程控制台储能器压力应符合规定要求，仪表、调压阀灵敏好用，手柄标示清楚，液控房内装有防爆灯"。

典型问题 4：节流管汇一侧半封手动锁紧杆高度超过 1.6 m，地面未加装操作台。

违章普遍性：低。

判断依据：Q/SY 08131.4—2024《工程技术现场安全检查规范 第 4 部分：钻井作业》表 B.1 钻井作业现场设备设施检查项目及要求"14 井控设备 – 防喷器组：a）井口装置配置、安装、校正和固定应符合 SY/T 5964 的规定，具有手动锁紧装置的闸板防喷器应装齐手动操作杆，并挂牌注明转动方向及锁紧圈数"。

典型问题 5：放喷管线出口设置位置距泥浆罐 1 m、距变压器 3 m，安全距离不满足标准要求。

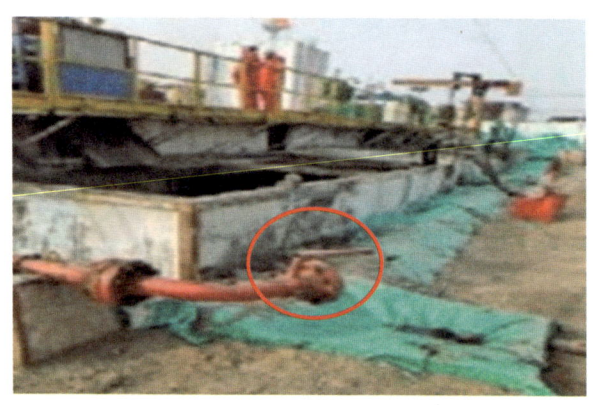

违章普遍性：低。

判断依据：Q/SY 08131.4—2024《工程技术现场安全检查规范 第 4 部分：钻井作业》表 B.1 钻井作业现场设备设施检查项目及要求"14 井控设备 – 放喷管线：放喷管线长度、内径符合 SY/T 5964 的规定，固定牢固，转弯夹角不小于 120°，两条放喷管线之间的距离不小于 0.3 m，且不应交叉"。

典型问题 6：防喷器四通节流管汇一侧闸门手轮固定销钉脱落。

违章普遍性：低。

判断依据：Q/SY 08131.4—2024《工程技术现场安全检查规范 第 4 部分：钻井作业》表 A.1 钻井作业安全管理检查项目及要求"11 安全防范设备设施管理 k）各类压力表、安全阀、保险销安装齐全，按期检查、检验和检定"。

典型问题 7：地面高压管线软硬管连接处未安装保险链。

违章普遍性：低。

判断依据：SY/T 5954—2021《开钻前验收项目及要求》6.1.4"所有紧固件、连接件应紧固可靠，销子应有锁紧保险装置，紧固件螺纹外露部分要涂抹润滑脂"。

典型问题 8：远控台储能器气管线密封不严。

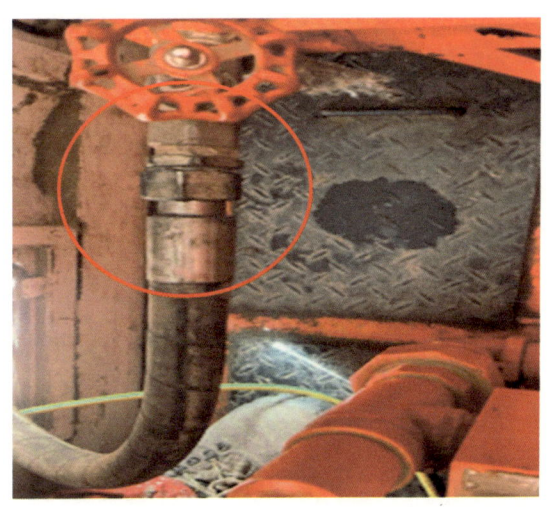

违章普遍性：低。

判断依据：SY/T 5954—2021《开钻前验收项目及要求》6.1.4 "所有紧固件、连接件应紧固可靠，销子应有锁紧保险装置，紧固件螺纹外露部分要涂抹润滑脂"。

典型问题 9：远控台气动泵闸门无手轮。

违章普遍性：低。

判断依据：SY/T 5954—2021《开钻前验收项目及要求》6.1.4 "所有紧固件、连接件应紧固可靠，销子应有锁紧保险装置，紧固件螺纹外露部分要涂抹润滑脂"。

典型问题 10：柴油罐接地螺栓松动。

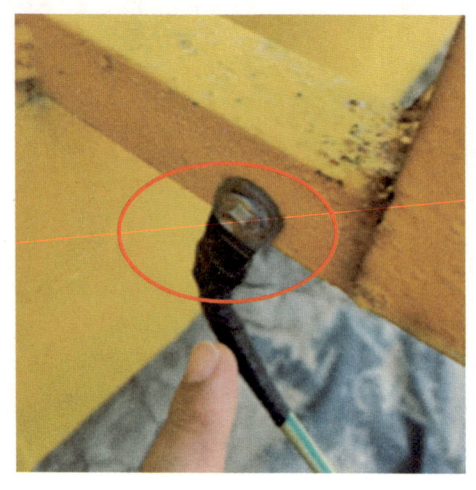

违章普遍性：低。

判断依据：SY/T 6320—2022《陆上油气田油气集输安全规程》10.4"导体选择及线路敷设应符合安全规定，线路应无老化、破损和裸露现象"。

典型问题 11：钻台逃生滑梯下方未设置缓冲垫。

违章普遍性：低。

判断依据：Q/SY 08131.4—2024《工程技术现场安全检查规范 第4部分：钻井作业》表 A.1 钻井作业安全管理检查项目及要求"钻台应安装紧急滑梯至地面，下端设置缓冲垫或缓冲沙土，距离下端前方 5 m 范围内无障碍物，钻台底座处应安装防坠落装置"。

典型问题 12：钢丝绳卡工作段扣 U 形螺栓，夹座扣尾绳。

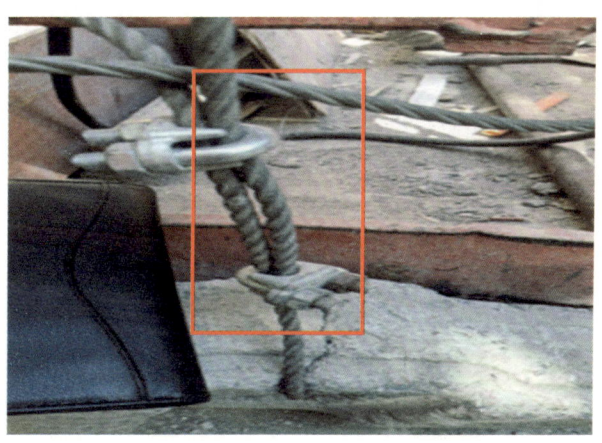

违章普遍性：低。

判断依据：SY/T 5727—2020《井下作业安全规程》3.7.5"绳卡安装方向应符合U形环卡在辅绳上的要求。卡距为绷绳直径的6～8倍，卡紧程度以钢丝绳变形1/3为准"。

典型问题13：钻台V形大门没有防护栏。

违章普遍性：低。

判断依据：SY/T 5727—2020《井下作业安全规程》3.3.6"台面平整、防滑，立柱盒无变形，大门坡道应安装牢固，坡度适宜并加保险绳，大门前护栏缺口处应装防护链索。逃生滑道内部及扶手平滑，两侧封闭，安装牢固，逃生口应保持畅通，着陆点应设缓冲沙坑（物）"。

典型问题14：压井管线无支撑固定。

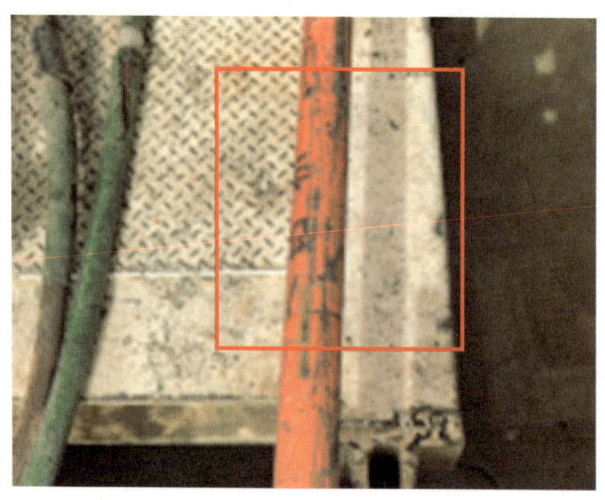

违章普遍性：低。

判断依据：SY/T 5727—2020《井下作业安全规程》3.17.6 "压井管汇和节流管汇应安装在钻台或操作台以外，并摆放平整"。

典型问题 15：二层台紧急逃生装置安装未完成。

违章普遍性：低。

判断依据：SY/T 5727—2020《井下作业安全规程》3.4.3 "井架逃生装置应符合 SY/T 7028 的规定"。

2.2 场站设施

典型问题 1：计量间掺油流量计电源线，备用进线口未采取防爆形式封堵。

违章普遍性：高。

判断依据：GB 50257—2014《电气装置安装工程爆炸和火灾危险环境电气装置施工及验收规范》第 8.0.2.3 条"防爆电气设备的外壳，应无裂纹、损伤；油漆应完好。接线盒盖应紧固，且固定螺栓及防松装置应齐全"。

典型问题 2：外输油管线管托悬空。

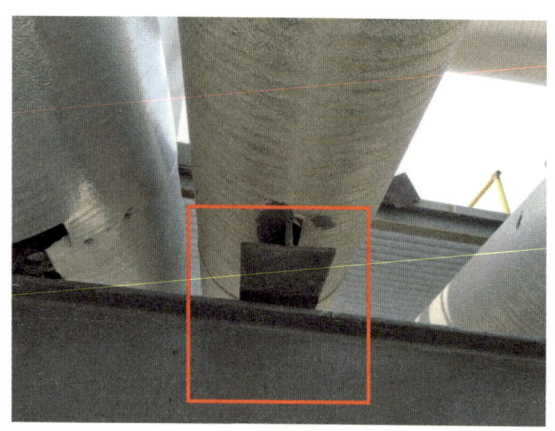

违章普遍性：高。

判断依据：GB 50391—2014《油田注水工程设计规范》"工程设计规范管段应有牢固的耐震支撑或支墩"。

典型问题 3：计量间内有天然气流程但未安装可燃气体报警器，采油站也未配备便携式可燃气体检测仪。

违章普遍性：低。

判断依据：SY/T 6503—2022《石油天然气工程可燃气体和有毒气体检测报警系统安全规范》5.3.1 "存在下列释放源的场所应设置检测点：

a）液化天然气、天然气凝液、液化石油气、稳定轻烃、丙烷、丁烷、凝油、甲醇、汽油、石脑油、煤油等；

　　b）甲$_B$、乙$_A$类原油；

　　c）天然气等可燃气体；

　　d）有毒气体"。

典型问题 4：计量间 1 台防爆控制箱进线口未采取防爆形式封堵（胶泥填充）。

违章普遍性：高。

判断依据：GB 50257—2014《电气装置安装工程爆炸和火灾危险环境电气装置施工及验收规范》5.3.6 "钢管配线应在下列各处装设防爆挠性连接管：1　电机的进线口处；2　钢管与电气设备直接连接有困难处；3　管路通过建筑物的伸缩缝，沉降缝处"。

典型问题 5：隔爆接线盒密封面有缝隙，密封失效。

违章普遍性：中。

判断依据：GB 50257—2014《电气装置安装工程　爆炸和火灾危险环境电气装置施工及验收规范》4.2.14"接合面的紧固螺栓应齐全，弹簧垫圈等防松设施应齐全完好，弹簧垫圈应压平"。

典型问题 6：变送器多余穿线孔封堵件松动。

违章普遍性：高。

判断依据：JJG 0882—2019《压力变送器检定规程》6.1.4"压力变送器主体和部件应完好无损紧固不得有松动和损伤现象，可动部分应灵活可靠。具有压力指示器（数字显示功能）的压力变送器，数字显示应清晰，不应有缺笔画现象"。

典型问题 7：计量间报警器探头距离地面不足 30 cm。

违章普遍性：低。

判断依据：SY/T 6503—2022《石油天然气工程可燃气体和有毒气体检测报警系统安全规范》7.1.2"探测器的安装应综合考虑下列因素：b）便于维护和检修，安装检测器的地点与周边管线或设备之间应留有不小于 0.5 m 的净空和出入通道"。5.3.2"封闭场所可燃气体和有毒气体探测器的设置应符合下列规定：b）探测器的安装高度应根据气体的密度而定。当比空气重时，其安装高度应距地面或不透风楼地 / 底板 0.3～0.6 m"。

典型问题 8：计量站泵房中 1 号、2 号曲杆泵压力表为非抗震压力表。

违章普遍性：低。

判断依据：Q/SY 06002.4—2016《油气田地面工程油气集输处理工艺设计规范 第 4 部分：站场》7.2.3"泵的吸入管应装过滤器和真空耐震压力表，出口管应装止回阀和耐震压力表。对于离心泵，过滤器面积一般取入口管截面积的 3～4 倍。对于容积泵过滤器面积可按泵技术要求确定"。

典型问题 9：某采油厂一采油作业接转计量站输油泵房和计量房内，计量泵、输油泵上防爆接线盒防爆挠性管脱落密封不严。

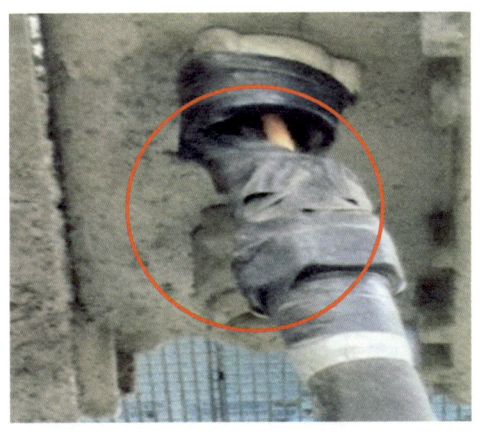

违章普遍性：高。

判断依据：GB 50257—2014《电气装置安装工程 爆炸和火灾危险环境电气装置施工及验收规范》5.2.3 "1 电缆外护套应被弹性密封圈挤紧或被密封填料封固"。

典型问题 10：报警装置和燃烧系统安全设施等安全附件不齐。

违章普遍性：低。

判断依据：Q/SY 08126.1—2022《油气田现场安全检查规范 第1部分：陆上油气生产作业》表 B.6 "4.安全阀、压力表、液位计、测量仪表、报警装置和燃烧系统安全设施等安全附件齐全、灵敏、可靠"。

典型问题 11：某采油厂采油作业区燃气锅炉蒸汽出口第一道安全阀整定压力 18.38 MPa（应为 18.06 MPa），第二道安全阀整定压力 18.9 MPa（应为 18.58 MPa），分别超过锅炉最高工作压力 17.2 MPa 的 1.05 倍、1.08 倍。

违章普遍性：低。

判断依据：SY/T 5854—2019《油田专用湿蒸汽发生器安全规范》12.1.4"蒸汽出口安全阀排放压力，按介质流动方向依次应为 1.05 倍和 1.08 倍最高工作压力"。

典型问题 12：加热炉壳体及炉管进出口处未装设压力表。

违章普遍性：低。

判断依据：Q/SY 08126.1—2022《油气田现场安全检查规范 第 1 部分：陆上油气生产作业》"安全阀、压力表、液位计、测量仪表、报警装置和燃烧系统安全设施等安全附件齐全、灵敏、可靠"。

典型问题 13：水套加热炉未安装压力表。

违章普遍性：低。

判断依据：Q/SY 08126.1—2022《油气田现场安全检查规范 第 1 部分：陆上油气生产作业》"安全阀、压力表、液位计、测量仪表、报警装置和燃烧系统安全设施等安全附件齐全、灵敏、可靠"。

典型问题 14：加热炉燃料气为干气（主要成分为 CH_4），密度低于空气，但燃烧器棚设置的可燃气体检测探头距地面约 20 cm。

违章普遍性：低。

判断依据：SY/T 6503—2022《石油天然气工程可燃气体和有毒气体检测报警系统安全规范》7.1.2"探测器的安装应综合考虑下列因素：b）便于维护和检修，安装检测器的地点与周边管线或设备之间应留有不小于 0.5 m 的净空和出入通道"。5.3.2"封闭场所可燃气体和有毒气体探测器的设置应符合下列规定：b）探测器的安装高度应根据气体的密度而定。当比空气重时，其安装高度应距地面或不透风楼地/底板 0.3～0.6 m"。

典型问题 15：某采油厂一井场站内 1 台外输加热炉观火孔被防护罩罩住，无法观察炉内火焰燃烧情况。

违章普遍性：低。

判断依据：SY/T 5262—2016《火筒式加热炉规范》"火筒式加热炉应设置看火孔，其位置应能看到整个火焰燃烧情况，强制通风的看火孔应密闭"。

典型问题 16：现场检查井场变压器无围栏。

违章普遍性：低。

判断依据：GB 50303—2015《建筑电气工程施工质量验收规范》5.2.4 "室外安装的落地式配电（控制）柜、箱的基础应高于地坪，周围排水应通畅，其底座周围应采取封闭措施"。

典型问题 17：柴油机未装冷却水管线。

违章普遍性：低。

判断依据：JGJ 160—2016《施工现场机械设备检查技术规范》4.1.9 "冷却系统应符合下列规定：

1 冷却装置齐全可靠，运转时不得泄漏；

2　冷却系统的水质应经软化处理，并应保持洁净；

3　排水温度应达到使用说明书的要求"。

典型问题 18：远控房后备用管线松动，存在跑、漏油污风险。

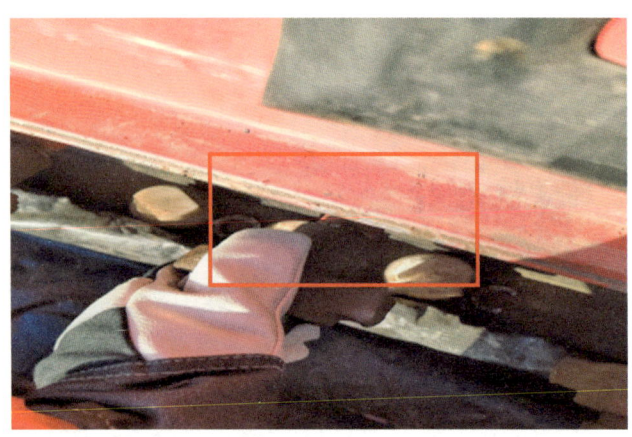

违章普遍性：低。

判断依据：Q/SY 02553—2022《井下作业井控技术规范》5.3.1.7"防喷管活接头连接时，应确保检查密封件完好、无损伤；法兰连接时，应检查钢圈槽清洁、无损伤"。

典型问题 19：远程控制台气泵漏油。

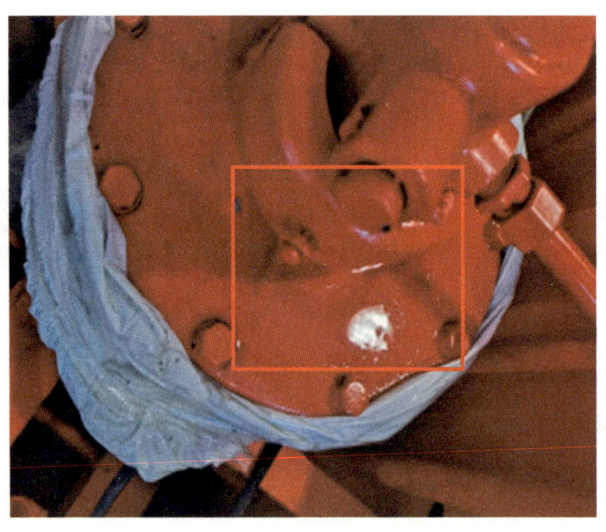

违章普遍性：低。

判断依据：SHS 01013—2004《离心泵维护检修规程》4.2.4"保持运转平稳，无杂音，封油冷却水和润滑油系统工作正常，泵及附属管路无泄漏"。

典型问题 20：井口装置内控闸阀未挂牌。

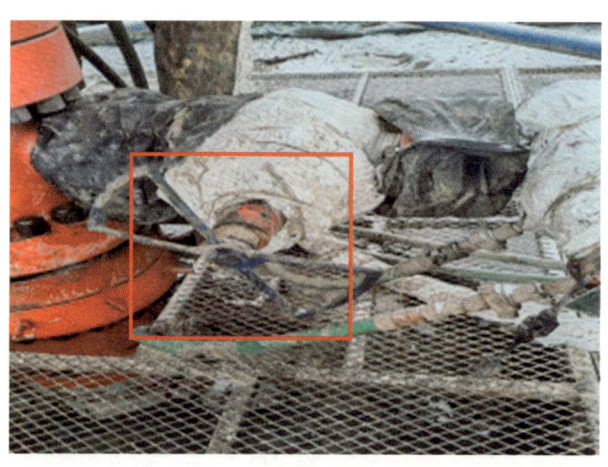

违章普遍性：低。

判断依据：Q/SY 08131.4—2024《工程技术现场安全检查规范 第 4 部分：钻井作业》表 B.1 钻井作业现场设备设施检查项目及要求"14 井控设备—防喷器组：a）井口装置配置、安装、校正和固定应符合 SY/T 5964 的规定，具有手动锁紧装置的闸板防喷器应装齐手动操作杆，并挂牌注明转动方向及锁紧圈数"。

典型问题 21：井场设备间内风机未安装护罩。

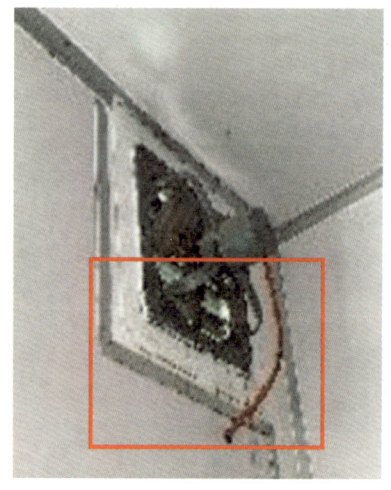

违章普遍性：低。

判断依据：Q/SY 08126.1—2022《油气田现场安全检查规范 第 1 部分：陆上油气生产作业》表 B.15 机泵安全检查表"10. 电动机风扇护罩完好，固定螺栓齐全，安装牢固可靠"。

典型问题 22：井远控台环形压力表压力低于 8.5 MPa，不符合不低于 10.5 MPa 的标准。

违章普遍性：低。

判断依据：Q/SY 08126.3—2022《油气田现场安全检查规范 第 3 部分：油气集输作业》"安全阀、压力表、液位计、测温仪表、报警装置和燃烧系统安全设施等安全附件齐全、灵敏、可靠"。

典型问题 23：循环罐区搅拌泵防爆电机电缆引入口端松动，未按防爆要求密封紧固。

违章普遍性：低。

判断依据：GB 50257—2014《电气装置安装工程 爆炸和火灾危险环境电气装置施工及验收规范》4.1.4 "防爆电气设备的进线口与电缆、导线引入连接后，应保持电缆引入装置的完整性和弹性密封圈的密封性，并应将压紧元件用工具拧紧，且进线口应保持密封。多余的进线口其弹性密封圈和金属垫片、封堵件等应齐全，且安装紧固，密封良好"。

典型问题 24：压井管汇一侧手动锁紧圈数指示表针不归零。

违章普遍性：低。

判断依据：Q/SY 08126.3—2022《油气田现场安全检查规范 第 3 部分：油气集输作业》"4.安全阀、压力表、液位计、测温仪表、报警装置和燃烧系统安全设施等安全附件齐全、灵敏、可靠"。

典型问题 25：井内控管线固定基墩有一处底面不实，要求在实牢地面增设一个基墩。

违章普遍性：低。

判断依据：Q/SY 02553—2022《井下作业井控技术规范》4.2.1.3.4"防喷管线、放喷管线的安装与固定应符合下列要求：

d）防喷管线长度超过 7 m、防喷管线每隔 10～15 m 以及转弯处应固定，可用水泥基墩、地锚、预制基墩或砂箱等方式固定牢靠；管线悬空跨度超过 10 m 时应支撑牢固"。

典型问题 26：某采油厂一井场工具房、材料房通电电缆未架空或掩埋。

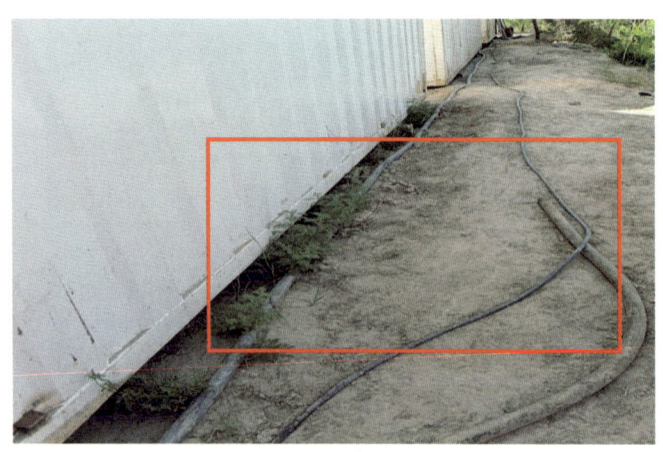

违章普遍性：低。

判断依据：Q/SY 08130.1—2022《工程建设现场安全检查规范 第1部分：油田建设》表 A.5 施工现场临时用电安全检查表"6.2 电缆线路应采用埋地或架空敷设，不得沿地面明设，并应避免机械损伤和介质腐蚀。埋地电缆路径应设方位标志"。

典型问题 27：一井场现场存放的重晶石无物资标签，无物理化学性质说明，直接存放在防渗布上，未按要求垫高，未采取有效的防潮措施。

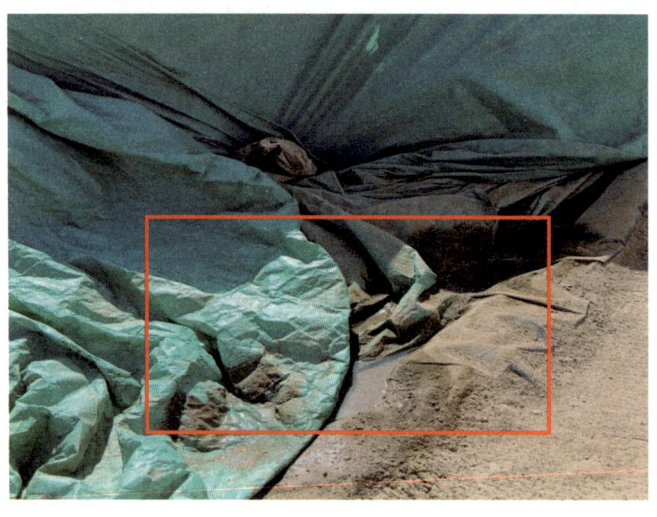

违章普遍性：低。

判断依据：Q/SY 08131.4—2024《工程技术现场安全检查规范 第4部分：钻井作业》表 A.1 钻井作业安全管理检查项目及要求"危险化学品管理：h）危险废弃物、一般固体废弃物应指定专人管理、定点存放并按钻井工程环境影响报告批复要求处置"。

典型问题 28：某采油厂一井场现场存放危险废物暂存点存储含油污泥 2 袋，袋上无危险废物标签，未标明存贮重量、存贮日期及存储人联系方式。

违章普遍性：低。

判断依据：Q/SY 08131.4—2024《工程技术现场安全检查规范　第 4 部分：钻井作业》表 A.1　钻井作业安全管理检查项目及要求"危险化学品管理：h）危险废弃物、一般固体废弃物应指定专人管理、定点存放并按钻井工程环境影响报告批复要求处置"。

典型问题 29：某采油厂一井场现场危险废弃物暂存点存有含油防渗膜 10 袋，袋上无危险废弃物标签，未标明存贮重量、存贮日期及存储人联系方式。查看该队危险废弃物产生过程统计台账，台账显示 5 月 5 日存贮含油防渗膜 6 袋，与现场 10 袋数量不符。

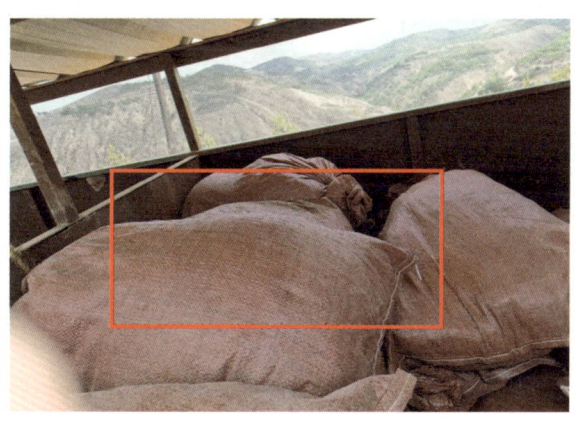

违章普遍性：低。

判断依据：Q/SY 08131.4—2024《工程技术现场安全检查规范　第 4 部分：钻井作业》表 A.1　钻井作业安全管理检查项目及要求"危险化学品管理：h）危险废弃物、一般固体废弃物应指定专人管理、定点存放并按钻井工程环境影响报告批复要求处置"。

典型问题 30：某采油厂一井场现液处理站生产现场设备设施未封闭运行。

违章普遍性：低。

判断依据：GB 39728—2020《陆上石油天然气开采工业大气污染物排放标准》5.4"废水集输和处理系统排放控制要求，5.4.1 油气田采出水、原油稳定装置污水、天然气凝液及其产品储罐排水、原油储罐排水应采用密闭管道集输，接入口和排出口采取与环境空气隔离的措施"。

典型问题 31：油泥减量化生产现场原水罐、清水罐出口转液池未封闭运行。

违章普遍性：低。

判断依据：GB 39728—2020《陆上石油天然气开采工业大气污染物排放标准》5.4.1"油气田采出水、原油稳定装置污水、天然气凝液及其产品储罐排水、原油储罐排水应采用密闭管道集输，接入口和排出口采取与环境空气隔离的措施"。

典型问题 32：某采油厂一井场现场重新完井作业循环罐上未安装液位报警器。

违章普遍性：低。

判断依据：GB 39728—2020《陆上石油天然气开采工业大气污染物排放标准》5.4.1 "油气田采出水、原油稳定装置污水、天然气凝液及其产品储罐排水、原油储罐排水应采用密闭管道集输，接入口和排出口采取与环境空气隔离的措施"。

典型问题 33：修井机绷绳上端锁紧螺母未锁紧。

违章普遍性：低。

判断依据：Q/SY 08131.5—2024《工程技术现场安全检查规范 第 5 部分：修井作业》表 B.1 修井作业现场设备设施安全检查表 "3.3 修井机、通井机及时进行清洁、润滑、防蚀、调整、紧固，运转记录填写齐全准确"。

典型问题 34：管线支撑失效。

违章普遍性：中。

判断依据：GB 50391—2014《油田注水工程设计规范》"管段应有牢固的耐震支撑或支墩"。

典型问题 35：处理厂一期井场来液阀组，中低压分离器及低压凝析油稳定装置，一期凝析油闪蒸罐导热油出口管线未安装温度计、压力表。

违章普遍性：较高。

判断依据：Q/SY 08130.1—2022《工程建设现场安全检查规范 第1部分：油田建设》表 A.1 现场通用管理要求检查表有关内容。

典型问题 36：阀组区 2 个球阀的位置指示器视窗模糊不清，无法确认阀门启闭状态。

违章普遍性：低。

判断依据：GB/T 20173—2013《石油天然气工业　管道输送系统　管道阀门》7.16 "装有手工操作或动力驱动装置的阀门应配备可见的位置指示器，以显示关闭件的启闭位置"。

典型问题 37：加热炉应未设置加热段低液位报警装置，未设置炉膛超温报警装置。

违章普遍性：高。

判断依据：SY 0031—2012《石油工业用加热炉安全规程》10.4 "加热炉的使用单位，应根据生产工艺要求和加热炉的技术性能制定加热炉的安全操作规程并严格执行，加热炉的安全操作规程应包括下列内容：加热炉的热负荷、稳定流量、最小流量、介质量；日温度介质（壳程、管程）允许最高工作压力、最高或最低工作温度等工艺操作指标"。

典型问题 38：加热炉燃烧器缺少加热炉安全联锁保护装置。

违章普遍性：低。

判断依据：TSG 11—2020《锅炉安全技术规程》5.6.1"基本要求（2）额定蒸发量大于或者等于 2 t/h 的锅炉，应当装设蒸汽超压报警和联锁保护装置，超压联锁保护装置动作整定值应当低于安全阀较低整定压力值"。

典型问题 39：现场检查加热炉烟囱绷绳断脱。

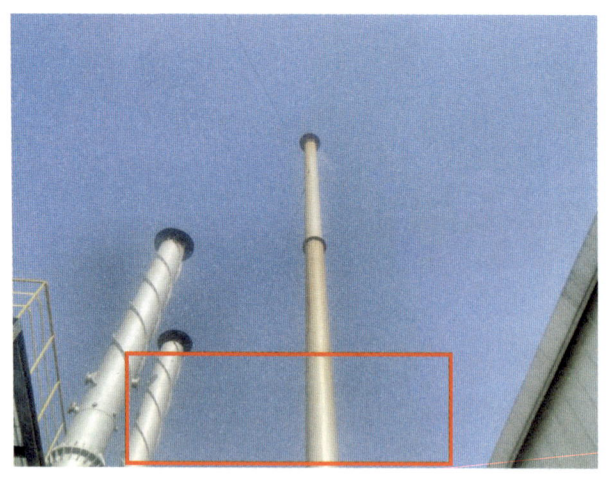

违章普遍性：低。

判断依据：Q/SY 08126.1—2022《油气田现场安全检查规范 第1部分：陆上油气生产作业》"火炬绷绳牢固，无严重磨损、腐蚀、锈蚀等现象，钢丝绳夹应与钢丝绳直径相匹配，钢丝绳夹的数量与钢丝绳直径 d（mm）应满足以下要求：$d<18$ 时，钢丝绳夹数量为 3 个；$18<d<26$ 时，钢丝绳夹数量为 4 个，钢丝绳夹间的距离为 6~7 倍钢丝绳直径"。

典型问题 40：燃烧器观火孔无法观测到火焰燃烧情况。

违章普遍性：低。

判断依据：Q/SY 08126.1—2022《油气田现场安全检查规范 第1部分：陆上油气生产作业》表 B.6 "燃烧器火焰观测孔配件齐全，且能有效密封火焰喷出或烟气外"。

典型问题 41：燃气阀进口未设置过滤装置。

违章普遍性：低。

判断依据：Q/SY 08126.1—2022《油气田现场安全检查规范 第1部分：陆上油气生产作业》"22.燃气控制阀的入口处应装有过滤装置，过滤器的孔径不大于 1.5 mm，及出口处均应设有永久性压力测试点过滤器的入口"。

典型问题 42：不锈钢法兰与碳钢阀门直接连接未采取过渡措施。

违章普遍性：低。

判断依据：Q/SY 08131.5—2024《工程技术现场安全检查规范 第 5 部分：修井作业》有关内容。

典型问题 43：丙烷压缩机房只设置甲烷可燃气体探头。

违章普遍性：较高。

判断依据：GB/T 50493—2019《石油化工可燃气体和有毒气体检测报警设计标准》4.3.1 "液化烃、甲$_B$、乙$_A$类液体等产生可燃气体的液体储罐的防火堤内，应设探测器。可燃气体探测器距其所覆盖范围内的任一释放源的水平距离不宜大于 10 m。有毒气体探测器距其所覆盖范围内的任一释放源的水平距离不宜大于 4 m"。

典型问题 44：压缩机房平台未设置允许手能连续滑动的扶手。

违章普遍性：较高。

判断依据：Q/SY 08126.1—2022《油气田现场安全检查规范 第 1 部分：陆上油气生产作业》表 B.17 固定式钢梯、平台和护栏安全检查表 "7.防护栏杆的扶手应允许手能连续滑动、扶手末端应布置成避免突出结构"。

典型问题 45：火炬控制箱锈蚀严重，未定期保养、测试。

违章普遍性：低。

判断依据：Q/SY 08126.3—2022《油气田现场安全检查规范 第 3 部分：油气集输作业》"放空火炬自动点火系统的控制箱等设备应定期进行维护保养和测试"。

典型问题 46：火炬距离储罐不足 90 m。

违章普遍性：低。

判断依据：GB 50183—2004《石油天然气工程设计防火规范》5.2.2 "石油天然气站场内的甲、乙类工艺装置、联合工艺装置的防火间距，应符合下列规定：装置与其外部的防火间距应按本规范表 5.2.1 中甲、乙类厂房和密闭工艺设备的规定执行"。

典型问题 47：可燃气体进入火炬前未设置阻火设备。

违章普遍性：低。

判断依据：GB 50160—2008《石油化工企业设计防火标准》5.5.16 "可燃气体放空管道在接入火炬前，应设置分液和阻火等设备"。

典型问题 48：导热加热炉燃气流程中二次减压阀入口压力表无显示，且没有仪表接头，直接安装在针形阀上。

违章普遍性：低。

判断依据：TSG 21—2016《固定式压力容器安全技术监察规程》9.2.1.3 "（1）安装位置应当便于操作人员观察和清洗，并且应当避免受到辐射热、冻结或者震动等不利影响"。

典型问题 49：加热炉上端护笼缺失立杆，未按标准安装。

违章普遍性：低。

判断依据：Q/SY 08126.1—2022《油气田现场安全检查规范 第1部分：陆上油气生产作业》表 B.17 固定式钢梯、平台和护栏安全检查表 "1.钢直梯梯段高度大于 3 m 时宜设置安全护笼，单梯段高度大于 7 m 时应设置安全护笼"。

典型问题50：加药泵区可燃气体探头接线盒，冗余口未封堵，失去防爆性能。

违章普遍性：低。

判断依据：GB 50257—2014《电气装置安装工程 爆炸和火灾危险环境电气装置施工及验收规范》4.1.4 "防爆电气设备的进线口与电缆、导线引入连接后，应保持电缆引入装置的完整性和弹性密封圈的密封性，并应将压紧元件用工具拧紧，且进线口应保持密封。多余的进线口其弹性密封圈和金属垫片、封堵件等应齐全，且安装紧固，密封良好"。

典型问题51：加药间搅拌泵，电缆线槽出口处无防护。

违章普遍性：低。

判断依据：AQ 3009—2007《危险场所电气防爆安全规范》5.2.4 "应有防止异物垂直落入立式安装电机通风口内的措施"。

典型问题 52：某采油厂一场站加药间 2 号罐搅拌器防爆开关内接地端子未接线。

违章普遍性：高。

判断依据：GB 50257—2014《电气装置安装工程 爆炸和火灾危险环境电气装置施工及验收规范》7.1.1 "在爆炸危险环境的电气设备的金属外壳、金属构架、安装在已接地的金属结构上的设备、金属配线管及其配件、电缆保护管、电缆的金属护套等非带电的裸露金属部分，均应接地"。

典型问题 53：加药容积泵旋转部位未遮挡。

违章普遍性：低。

判断依据：SY/T 6320—2022《陆上油气田油气集输安全规程》3.3.6 "机电设备转动部位应有防护罩，并安装可靠"。

典型问题 54：防爆立式电机无防护罩。

违章普遍性：低。

判断依据：AQ 3009—2007《危险场所电气防爆安全规范》5.2.4"应有防止异物垂直落入立式安装电机通风口内的措施。"6.1.1.3.1"导管布线允许使用的导管：a）配线导管应采用低压流体输送用镀锌焊接钢管。GB/T 4208—2017 外壳防护等级（IP 代码）4.1IP 代码的配置不要求规定特征数字时，由字母'X'代替"。

典型问题 55：加药泵房内加药泵出口安全阀未定期校验。

违章普遍性：低。

判断依据：Q/SY 08126.1—2022《油气田现场安全检查规范 第 1 部分：陆上油气生产作业》表 B.23 安全阀检查表"9.安全阀应每年进行一次定压和校验；10.新安全阀应校验合格后才能安装使用"。

典型问题 56：某采油厂一中转站一体化加药装置处的防紧固螺栓处缺平垫和弹簧垫。

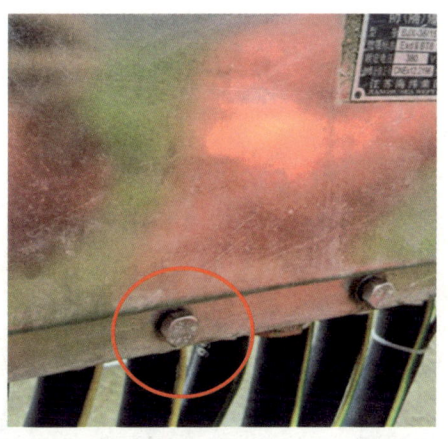

违章普遍性：低。

判断依据：Q/SY 08126.1—2022《油气田现场安全检查规范 第1部分：陆上油气生产作业》表 B.27 防爆电气设备安全检查表"2.防爆电气设备的外壳和透光部分应无裂纹、损伤。接合面的紧固螺栓应齐全、无松动和锈蚀，弹簧垫圈等防松设施应齐全完好，弹簧垫圈应压平"。

典型问题 57：某采油厂一中转站加药橇搅拌电机防爆接线口接防爆挠管不匹配。

违章普遍性：低。

判断依据：GB 50257—2014《电气装置安装工程 爆炸和火灾危险环境电气装置施工及验收规范》4.1.4"防爆电气设备的进线口与电缆、导线引入连接后，应保持电缆引入装置的完整性和弹性密封圈的密封性，并应将压紧元件用工具拧紧，且进线口应保持密封。多余的进线口其弹性密封圈和金属垫片、封堵件等应齐全，且安装紧固，密封良好"。

典型问题 58：加药间液位计失效，且未标注上下限。

违章普遍性：低。

判断依据：Q/SY 08126.1—2022《油气田现场安全检查规范　第 1 部分：陆上油气生产作业》表 B.22　压力表、液位计安全检查表"液位计 3.液位计应安装在便于观察的位置，液位计上最高和最低安全液位，应做出明显的标志"。

典型问题 59：加药间配电箱内开关无用途标识。

违章普遍性：低。

判断依据：Q/SY 08126.1—2022《油气田现场安全检查规范　第 1 部分：陆上油气生产作业》"2.在泵房、化验室加药间等可能产生职业病危害的作业岗位醒目位置应设置警示标识和职业病防治公告栏"。

典型问题 60：在泵房、化验室加药间等可能产生职业病危害的作业岗位醒目位置应设置警示标识和职业病防治公告栏。

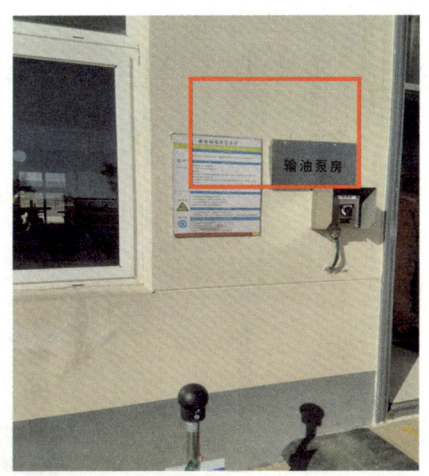

违章普遍性：低。

判断依据：Q/SY 08126.1—2022《油气田现场安全检查规范　第1部分：陆上油气生产作业》"2. 在泵房、化验室加药间等可能产生职业病危害的作业岗位醒目位置应设置警示标识和职业病防治公告栏"。

典型问题 61：存在比空气轻的可燃气体的封闭式房屋的顶部应采用通风措施。

违章普遍性：高。

判断依据：Q/SY 08126.1—2022《油气田现场安全检查规范　第1部分：陆上油气生产作业》"比空气轻的可燃气体压缩机棚或房的顶部应采用通风措施"。

典型问题 62：职业病危害场所未设置室外强制排风开关。

违章普遍性：低。

判断依据：Q/SY 08126.1—2022《油气田现场安全检查规范 第 1 部分：陆上油气生产作业》"比空气轻的可燃气体压缩机棚或房的顶部应采用通风措施"。

典型问题 63：非镀锌电缆桥架间连接板的两端未使用跨接铜芯接地线。

违章普遍性：高。

判断依据：GB 50303—2015《建筑电气工程施工质量验收规范》12.1.1 "非镀锌电缆桥架间连接板的两端跨接铜芯接地线，接地线截面积不小于 4 mm"。

典型问题 64：安全附件未校验。

违章普遍性：低。

判断依据：Q/SY 08126.3—2022《油气田现场安全检查规范 第3部分：油气集输作业》"12.安全附件及仪表安全阀、压力表、液位计等齐全、有效"。

典型问题 65：注水泵区域日常运维不到位，周围地面漂浮油花。

违章普遍性：低。

判断依据：Q/SY 08126.1—2022《油气田现场安全检查规范 第1部分：陆上油气生产作业》表A.5 设备设施管理检查表 "4.班组应按照维护保养规程要求对设备（包括停用设备）进行例行保养。基层单位（科级）应定期组织对需要定期检验、检测设备，开展检验、检测"。

典型问题 66：某采油厂一场站输油泵房 3# 底水泵防爆操作柱进线口胶泥干裂开口脱落，防爆密封失效。

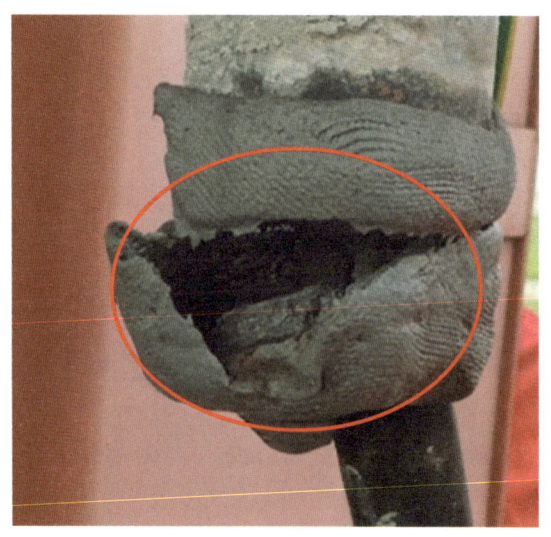

违章普遍性：高。

判断依据：GB 50257—2014《电气装置安装工程 爆炸和火灾危险环境电气装置施工及验收规范》4.1.4"防爆电气设备的进线口与电缆、导线引入连接后，应保持电缆引入装置的完整性和弹性密封圈的密封性，且进线口保持密封"。

典型问题 67：出口管段阀门前，未装设安全阀。

违章普遍性：低。

判断依据：Q/SY 08126.3—2022《油气田现场安全检查规范 第 3 部分：油气集输作业》"电动往复泵、螺杆泵和齿轮泵等容积泵的出口管段阀门前应装设安全阀"。

2　场站管理

典型问题 68：防爆电机进线部位引入多根电缆未有效密封。

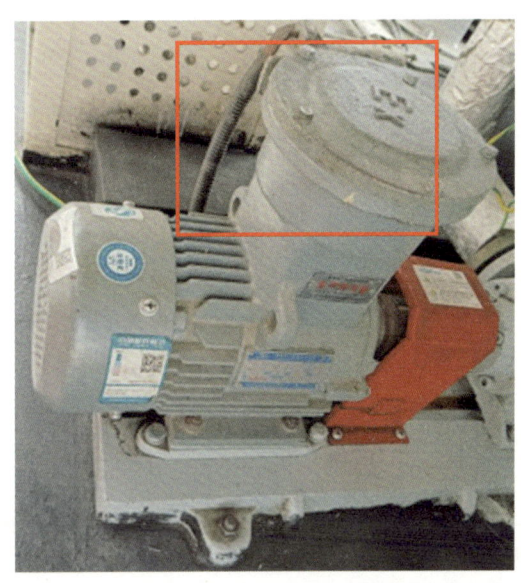

违章普遍性：高。

判断依据：GB 50257—2014《电气装置安装工程　爆炸和火灾危险环境电气装置施工及验收规范》4.1.4"防爆电气设备的进线口与电缆、导线引入连接后，应保持电缆引入装置的完整性和弹性密封圈的密封性，且进线口保持密封"。

典型问题 69：站内输油泵房 1 台外输离心泵出口管线上未安装止回阀。

违章普遍性：低。

判断依据：Q/SY 06002.4—2016《油气田地面工程油气集输处理工艺设计规范　第 4 部分：站场》7.2.3"泵的吸入管应装过滤器和真空耐震压力表，出口管应装止回阀和耐震压力表。对于离心泵，过滤器面积一般取入口管截面积的 3～4 倍。对于容积泵过滤器面积可按泵技术要求确定"。

典型问题 70：发电机对高速旋转、摆动的传动件，未设置防护装置。

违章普遍性：低。

判断依据：SY/T 6320—2022《陆上油气田油气集输安全规程》3.3.6 "机电设备转动部位应有防护罩，并安装可靠"。

典型问题 71：发电机机组的高温部件未设置醒目的警示标志。

违章普遍性：低。

判断依据：GB/T 22343—2015《石油工业用天然气内燃发电机组》5.4.3 "机组的高温部件应设置醒目的警示标志"。

典型问题 72：燃气发电机组未设置流体逸出时防其损坏电气绝缘的措施。

违章普遍性：低。

判断依据：GB/T 22343—2015《石油工业用天然气内燃发电机组》5.4.2 "应有流体逸出时防其损坏电气绝缘的措施"。

典型问题 73：燃气发电机组未设置应有迅速切断气源的保护措施。

违章普遍性：低。

判断依据：GB/T 22343—2015《石油工业用天然气内燃发电机组》5.5.1 "应有迅速切断气源的保护措施"。

典型问题 74：机组未设置过载、短路、过流、过电压、欠电压、欠频、过频等保护装置。

违章普遍性：低。

判断依据：GB/T 22343—2015《石油工业用天然气内燃发电机组》5.5.3"机组应有过载、短路、过流、过电压、欠电压、欠频、过频等保护装置，当出现故障或不允许之时，应能可靠动作"。

典型问题 75：燃气机发电组未设置醒目警示标志。

违章普遍性：低。

判断依据：GB/T 22343—2015《石油工业用天然气内燃发电机组》6.1.6"机组警示标志应醒目，安装牢固"。

典型问题 76：燃气发电机的发动机的使用现场排风不通畅，未安装燃气泄漏浓度超限报警装置。

违章普遍性：低。

判断依据：GB/T 22343—2015《石油工业用天然气内燃发电机组》5.2.6 "发动机的使用现场应保证排风通畅，并安装燃气泄漏浓度超限报警装置，并应合理地配置符合所在区域防爆等级要求的防爆设备等"。

典型问题 77：燃气发电机安装位置未设置固定式气体或压力水喷淋或高倍泡沫灭火系统。

违章普遍性：低。

判断依据：GB/T 22343—2015《石油工业用天然气内燃发电机组》5.3.3 "应设置固定式气体或压力水喷淋或高倍泡沫灭火系统"。

典型问题 78：某采油厂一中转站站内配电室配电柜进出线开口处未做防爆封堵。

违章普遍性：低。

判断依据：AQ 3009—2007《危险场所电气防爆安全规范》6.1.1.3.4 导管系统相关规定。

典型问题 79：配电箱（柜）未设置有明显的警示标识，未挂标准的"运行""停止""检修""禁止合闸"等标牌。

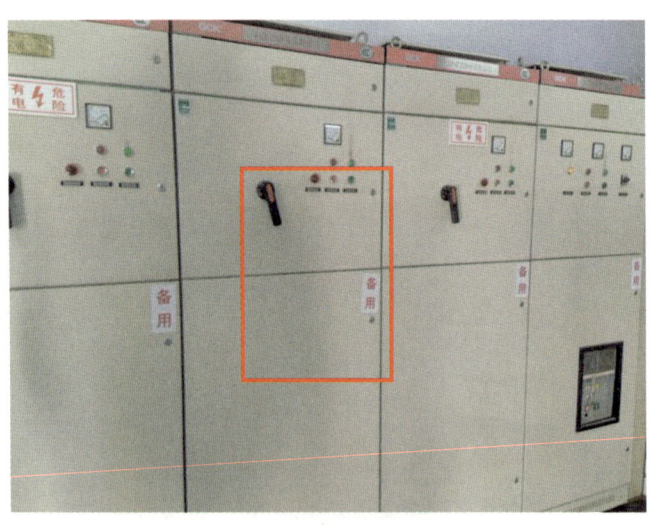

违章普遍性：低。

判断依据：SY/T 6320—2022《陆上油气田油气集输安全规程》9.6"配电闸刀应挂'运行''检修''禁止合闸'等标牌，并与运行状况一致"。

典型问题 80：某采油厂一中转站站内配电室配电闸刀未挂运行状态标志。

违章普遍性：低。

判断依据：SY/T 6320—2022《陆上油气田油气集输安全规程》10.6 "配电闸刀应挂'运行''停止''检修''禁止合闸'等标牌，并与运行状况一致"。

典型问题 81：某采油厂一中转站站内配电室绝缘垫未检验。

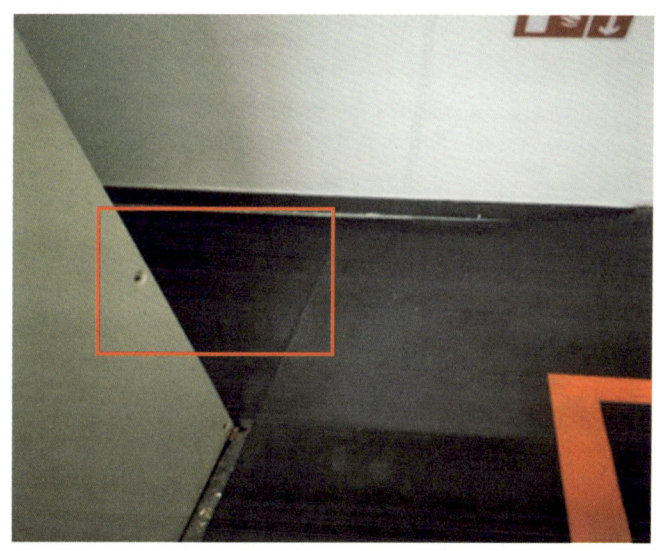

违章普遍性：低。

判断依据：GB 26860—2011《电力安全工作规程 发电厂和变电站电气部分》附录E "绝缘胶垫每年进行工频耐压试验"。

典型问题 82：站内配电室内无一次接线图。

违章普遍性：低。

判断依据：SY/T 6353—2022《油气田变电站（所）安全管理规程》5.2.3 规定：应具有一次系统接线图。

典型问题 83：站内配电室电缆沟盖板为木质非阻燃材料，且盖板高低不平。

违章普遍性：低。

判断依据：GB 50054—2011《低压配电设计规范》7.6.30："电缆沟盖板宜采用钢筋混凝土盖板或钢盖板"和 Q/SY XN 03992—2013《低压配电室运行管理规范》4.2.6"变配电室应定期打扫，确保室内清洁、干净、无杂物、无蛛网、无积水、通风、照明良好、门窗开启灵活，设备外观清洁，表面无油污"。

典型问题 84：某采油厂一中转站站内电缆引出地面未做保护。

违章普遍性：低。

判断依据：GB 50054—2011《低压配电设计规范》7.6.38"电缆通过下列地段应穿管保护：3 电缆引出地面 2 m 至地下 200 mm 处的部分"。

典型问题 85：自控机柜风扇电线未绝缘。

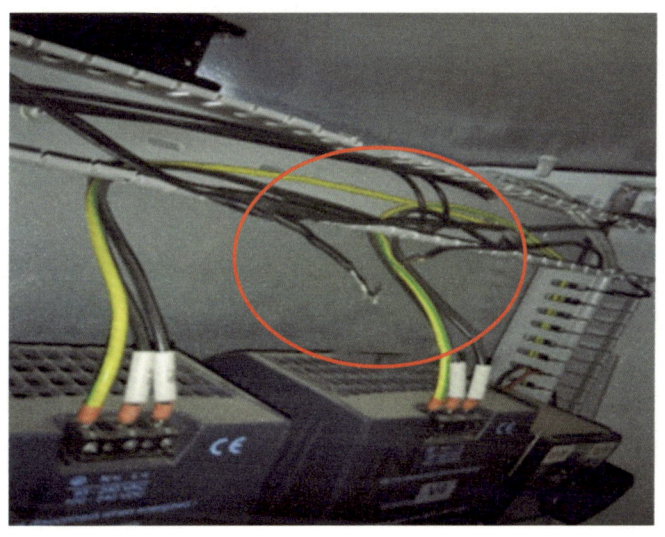

违章普遍性：低。

判断依据：GB/T 22764.4—2008《低压机柜　第 4 部分：电气安全要求》4.1.3"绝缘应符合有关标准，并能长期耐受在运行中可能遇到的诸如机械的、化学的、电气及热的各种应力"。

典型问题 86：某采油厂一中转站配电箱电缆出口未密封。

违章普遍性：低。

判断依据：GB 50303—2015《建筑电气工程施工质量验收规范》13.2.8"电缆出入电缆沟，电气竖井，建筑物，配电（控制）柜、台、箱、盘处以及管子管口处等部位应采取防火或密封措施"。

典型问题 87：配电箱电缆出口未密封。

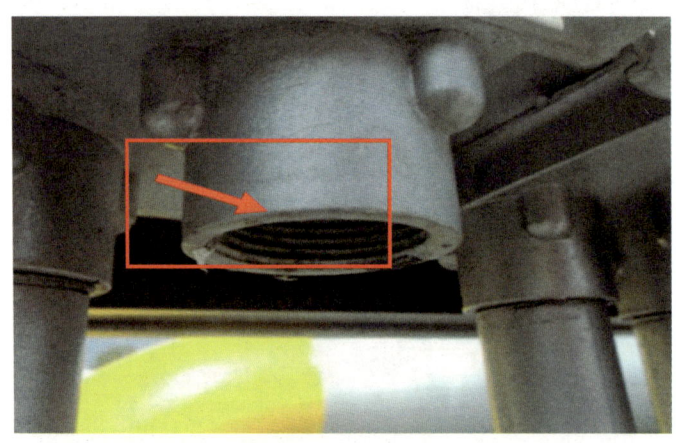

违章普遍性：低。

判断依据：Q/SY 08126.1—2022《油气田现场安全检查规范 第1部分：陆上油气生产作业》表 B.27 防爆电气设备安全检查表"3.防爆电气设备的进线口与电缆、导线应能可靠地接线和密封，电气设备多余的电缆引入口应用适用于相关防爆型式的堵塞元件进行封堵"。

典型问题 88：配电室内验电笔未粘贴检验标识。

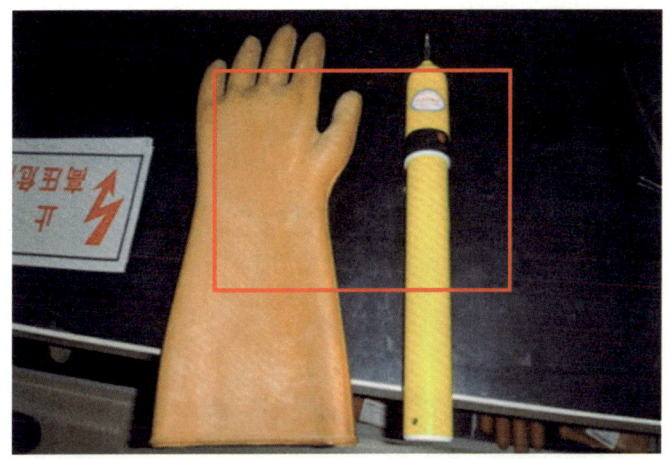

违章普遍性：低。

判断依据：SY/T 6353—2016《油气田变电站（所）安全管理规程》4.5.1"日常操作及检修作业所用绝缘工具绝缘等级与设备工作电压相匹配，放置合理，按规定进行试验，粘贴试验合格证"。

典型问题 89：变压器护栏未悬挂"止步，高压危险"。

违章普遍性：低。

判断依据：GB 26860—2011《电力安全工作规程 发电厂和变电站电气部分》6.5.6"在室外高压设备上工作，应在工作地点两旁及对面运行设备间隔的遮栏上和禁止通行的过道遮栏上悬挂'止步，高压危险！'的标识牌"。

典型问题 90：加热炉控制箱电脑控制面板 2023 年 1 月 2 日烧坏，自动点火功能失效，火焰监测和熄火保护系统失效。

违章普遍性：低。

判断依据：Q/SY 08126.1—2022《油气田现场安全检查规范 第 1 部分：陆上油气生产作业》"供给的熄火保护控制系统具备电力供应条件的站场加热炉应配备自动点火和断电、熄火时自动切断燃料"。

典型问题 91：压缩机遥控和自动控制的压缩机上未设置标明"危险"等指示牌。

违章普遍性：低。

判断依据：Q/SY 08126.3—2022《油气田现场安全检查规范 第 3 部分：油气集输作业》"班组应在存在较大危险因素的生产经营场所和有关设施、设备上设置明显的安全警示标志，标志牌应设置在与安全有关的醒目的地方，多个标志牌在一起设置时，应按警告、禁止、指令、提示类型的顺序，先左后右、先上后下进行排列。安全标志牌至少每半年检查一次，如发现有破损、变形、褪色等不符合要求时应及时修整或更换"。

典型问题 92：配电室在用电容柜和 1# 进线柜仪表不显示。

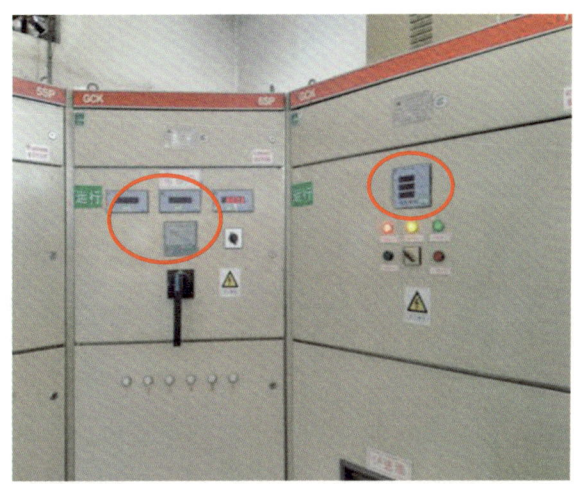

违章普遍性：低。

判断依据：Q/SY 08126.3—2022《油气田现场安全检查规范 第 3 部分：油气集输作业》"7. 箱、柜、板内二次回路连线应成束绑扎，不同电压等级、交流、直流线路及计算机控制线路应分别绑扎，且有标识。运行电压、电流应正常，各种仪表指示正常，控制开关一般应垂直安装，上端接电源，下端接负荷"。

典型问题 93：某采油厂转油站中一仪表机柜中布线凌乱。

违章普遍性：低。

判断依据：GB 50093—2013《自动化仪表工程施工及质量验收规范》7.1.3 "线路应按最短路径集中敷设，并应横平竖直、整齐美观，不宜交叉。敷设线路时，线路不应受到损伤"。

典型问题 94：轻烃装车台未摆放足够数量的灭火器。

违章普遍性：低。

判断依据：SY/T 5225—2019《石油天然气钻井、开发、储运防火防爆安全生产技术规程》6.5.1.1 "装车台顶部应设有遮阳棚，遮阳棚下应安装自动干粉灭火设施，并在装车台周围配置一定数量的移动式灭火器"。

典型问题 95：轻烃装车台未设置人体静电释放器。

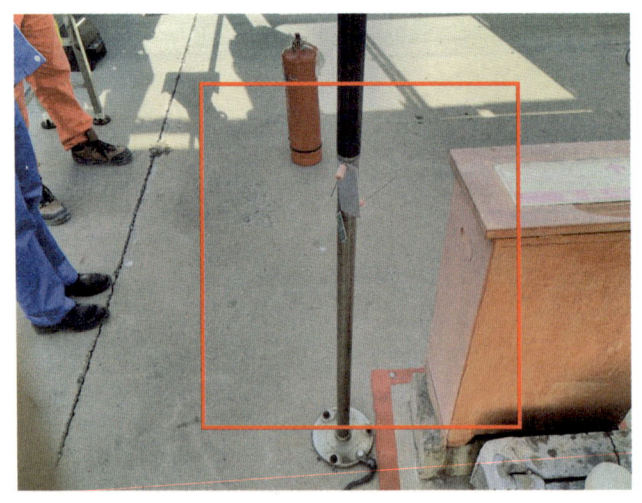

违章普遍性：低。

判断依据：SY/T 5225—2019《石油天然气钻井、开发、储运防火防爆安全生产技术规程》6.5.1.2 "装车台至少设有两处接地（一处是罐车与大地连接，另一处是罐车与管线连接），接地电阻应不大于10Ω，并在其附近应设置静电消除装置"。

典型问题 96：轻烃装车台只设置一处接地与罐车相连。

违章普遍性：低。

判断依据：SY/T 5225—2019《石油天然气钻井、开发、储运防火防爆安全生产技术规程》6.5.1.2 "装车台至少设有两处接地（一处是罐车与大地连接，另一处是罐车与管线连接），接地电阻应不大于 10 Ω，并在其附近应设置静电消除装置"。

典型问题 97：拉运车辆未在尾气排放处安装阻火器。

违章普遍性：低。

判断依据：SY/T 5225—2019《石油天然气钻井、开发、储运防火防爆安全生产技术规程》6.5.1.3 "充装前，应有专人对槽车进行检查，并做好记录。凡属下列情况之一者，不应充装：

a）槽车超过检验期而未做检验。

b）槽车的漆色、铭牌和标志不符合规定，与所装介质不符或脱落不易识别者。

c）防火、防爆装置及安全附件不全、损坏、失灵或不符合规定者。

d）未判明装过何种介质者。

e）罐体外观检查有缺陷而不能保证安全使用或附件有跑、冒、滴、漏者。

f）槽车无使用证、押运证、准运证和驾驶员证件者。

g）罐体与车辆之间的固定装置不牢靠或已损坏者"。

典型问题 98：槽车的气、液相接口应可靠接地，气、液相接口快速接头未接地。

违章普遍性：低。

判断依据：SY/T 5225—2019《石油天然气钻井、开发、储运防火防爆安全生产技术规程》6.5.1.2 "装车台至少设有两处接地（一处是罐车与大地连接，另一处是罐车与管线连接），接地电阻应不大于 10 Ω，并在其附近应设置静电消除装置"。

典型问题 99：中转站内现场临时存放的含油污泥等危险废物露天存放。

违章普遍性：低。

判断依据：GB 18597—2023《危险废物收集贮存污染控制标准》6.1.1 "危险废物堆要防风、防雨、防晒"。

典型问题 100：某采油厂一中转站内燃气发电机处未说明常见职业病危害的种类、后果、预防和应急处置措施。

违章普遍性：低。

判断依据：《工作场所职业卫生管理规定》（国家卫生健康委令第 5 号）第十五条："存在或者产生职业病危害的工作场所、作业岗位、设备、设施，应当按照《工作场所职业病危害警示标识》（GBZ 158）的规定，在醒目位置设置图形、警示线、警示语句等警示标识和中文警示说明。警示说明应当载明产生职业病危害的种类、后果、预防和应急处置措施等内容"。

典型问题 101：中转站原油稳定装置压缩机厂棚冷剂压缩机棚顶处未安装可燃气体报警器。

违章普遍性：低。

判断依据：SY/T 6503—2022《石油天然气工程可燃气体和有毒气体检测报警系统安全规范》7.1.2"探测器的安装应综合考虑下列因素：b）便于维护和检修，安装检测器的地点与周边管线或设备之间应留有不小于 0.5 m 的净空和出入通道"。5.3.2"封闭场所可燃气体和有毒气体探测器的设置应符合下列规定：b）探测器的安装高度应根据气体的密度而定。当比空气重时，其安装高度应距地面或不透风楼地/底板 0.3～0.6 m"。

典型问题 102：某采油厂一中转站管线上阀门未设置支撑。

违章普遍性：低。

判断依据：GB 50391—2014《油田注水工程设计规范》"管段应有牢固的耐震支撑或支墩"。

典型问题 103：某采油厂一中转接地装置的回填土中夹有石块和建筑垃圾。

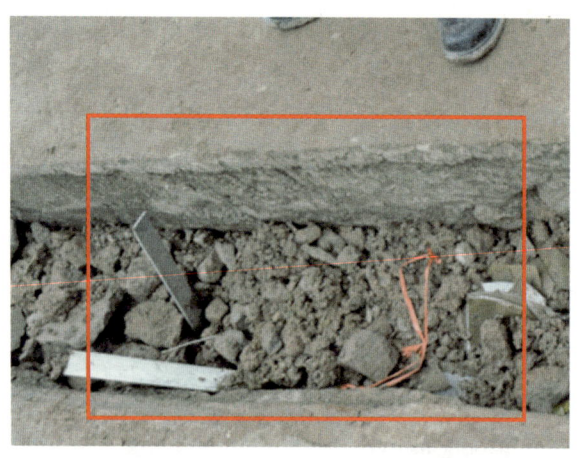

违章普遍性：低。

判断依据：GB 50169—2016《电气装置安装工程接地装置施工及验收规范》4.2.5 "1 回填土内不应夹有石块和建筑垃圾等"。

典型问题 104：某采油厂一中转站金属容器只有 1 处防静电接地。

违章普遍性：高。

判断依据：SY/T 5984—2022《油（气）田容器、管道和装卸设施接地装置安全规范》3.3 "油、气集输生产装置中的立式和卧式金属容器（三相分离器、电脱水器、原油稳定塔、缓冲罐等）至少应设两处接地，接地端头分别设在卧式容器两侧封头支座底部及立式容器支座底部两侧 3 地脚螺栓位置，接地电阻值不应大于 10 Ω"。

典型问题 105：某采油厂一中转站电缆桥架连接部位未跨接。

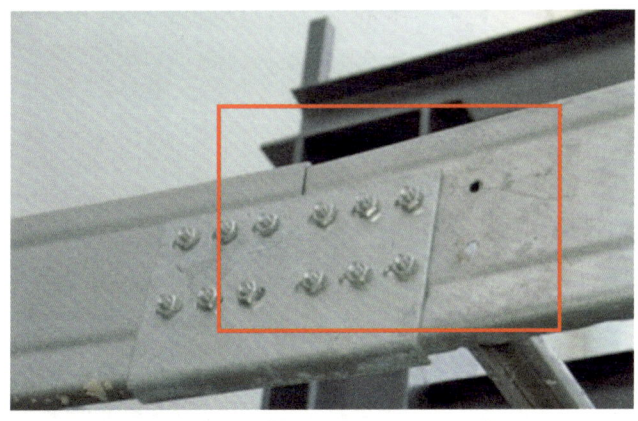

违章普遍性：高。

判断依据：GB 50169—2016《电气装置安装工程接地装置施工及验收规范》4.3.9 "金

属电缆桥架的接地应符合下列规定：……电缆桥架主体采用两端压接铜鼻子的铜绞线跨接，跨接线最小截面积不应小于4 mm"。

典型问题106：某采油厂一中转站工艺区工艺管道阻碍安全通道。

违章普遍性：低。

判断依据：GB/T 12801—2008《生产过程安全卫生要求总则》5.4.6"危险性作业场所，应设置安全通道；应设应急照明、安全标志和疏散指示标志；门窗应向外开启；通道和出口应保持畅通；出入口的设置应符合有关规定"。

典型问题107：某采油厂一中转站防雷引下线断接卡距地面高度超过1.0 m。

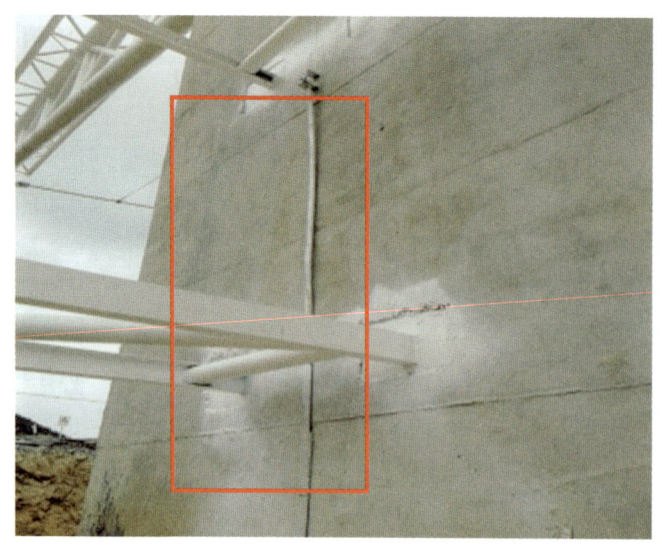

违章普遍性：低。

判断依据：GB 15599—2009《石油与石油设施雷电安全规范》4.1.2"引下线在距地面 0.3～1.0 m 之间装设断接卡，用两个型号为 M12 的不锈钢螺栓加防松垫片连接"。

典型问题 108：某采油厂一中转站低压电缆桥架无盖板，电缆受阳光直射。

违章普遍性：低。

判断依据：GB 50054—2011《低压配电设计规范》5.1.2"应避免由于强烈阳光辐射而带来的损害"。

典型问题 109：某采油厂一中转站接地网距入口小于 3 m，未采取降低跨步电压措施。

违章普遍性：低。

判断依据：GB 51348—2019《民用建筑电气设计标准》11.8.6："为降低跨步电压，人工防雷接地网距建筑物入口及人行道不宜小于 3 m，当小于 3 m 时，应采取下列措施之一：1 水平接地极局部深埋不应小于 1 m；2 水平接地极局部应包以绝缘物；3 宜采用沥青碎石地面或在接地网上面敷设 50～80 mm 沥青层，其宽度不宜小于接地网两侧各 2 m"。

典型问题 110：某采油厂一中转站管线安全阀前端截断阀处于关闭状态。

违章普遍性：低。

判断依据：TSG ZF001—2006《安全阀安全技术监察规程》B4.2"（4）安全阀进出口管道一般不允许设置截断阀，必须设置截断阀时，需加铅封，并且保证锁定在全开状态"。

典型问题 111：某采油厂一中转站管线变送器显示屏损坏。

违章普遍性：低。

判断依据：JJG 882—2019《压力变送器检定规程》6.1.4"压力变送器主体和部件应完

好无损,紧固件不得有松动和损伤现象,可动部分应灵活可靠。具有压力指示器(数字显示功能)的压力变送器,数字显示应清晰,不应有缺笔画现象"。

典型问题 112:某采油厂一中转站管线上一法兰螺栓螺纹未扣。

违章普遍性:低。

判断依据:GB 50517—2010《石油化工金属管道工程施工质量验收规范》8.1.10 "法兰连接螺栓安装方向应一致,螺栓紧固后应与法兰紧贴。需加垫圈时,每个螺栓不应超过一个。紧固后的螺栓与螺母宜齐平或露出 1 个~2 个螺距"。

典型问题 113:某采油厂一中转站场站照明灯安装在独立接闪杆上。

违章普遍性:低。

判断依据：GB 50057—2010《建筑物防雷设计规范》4.5.8"在独立接闪杆、架空接闪线、架空接闪网的支柱上，严禁悬挂电话线、广播线、电视接收天线及低压架空线等"。

典型问题 114：某采油厂一中转站场站压力变送器接地线接在 U 型卡上，未引入到接地端。

违章普遍性：低。

判断依据：GB 50257—2014《电气装置安装工程爆炸和火灾危险环境电气装置施工及验收规范》7.1.1"在爆炸危险环境的电气设备的金属外壳、金属构架、安装在已接地的金属结构上的设备、金属配线管及其配件、电缆保护管、电缆的金属护套等非带电的裸露金属部分，均应接地"。

典型问题 115：某采油厂一中转站场安全阀下面连接汇管的截断阀未用铅封锁定。

违章普遍性：低。

判断依据：TSG 21—2016《固定式压力容器安全技术监查规程》7.2.3.1.1 "（6）如果安全阀和排放口之间装设了截断阀，截断阀是否处于全开位置及铅封是否完好"。

典型问题 116：除油罐顶 3 个人孔盖敞口。

违章普遍性：中。

判断依据：GB 15599—2009《石油与石油设施雷电安全规范》3.1 "石油和石油产品应贮存在密闭性的容器内，并避免油气混合物在容器周围积聚"。

典型问题 117：污油罐防爆温度变送器接线口断开用胶带缠绕。

违章普遍性：中。

判断依据：AQ 3009—2007《危险场所电气防爆安全规范》6.1.2.1.6 "防爆电气设备接线盒内部接线紧固后，裸露带电部分之间及金属外壳之间的电气间隙和爬电距离应满足附录 D 的要求"。

典型问题 118：卸油罐车防静电拖地带不拖地，距地面大于 10 cm 未及时下放。

违章普遍性：低。

判断依据：《道路危险货物运输管理规定》（交通运输部令 2023 年第 13 号）第三十六条 "危险品运输车辆必须配备导静电橡胶拖地带，并且拖地带的导体截面积应大于等于 100 平方毫米，且拖地带接地端无论空、满载应始终接地"。

典型问题 119：污油罐出口管线过滤器安装方向与介质流向相反。

违章普遍性：低。

判断依据：Q/SY 06005.4—2016《油气田地面工程天然气处理设备布置及管道设计规范 第 4 部分：管道布置》12.3.2 "过滤器的布置应符合下列要求：

a）角式 T 型过滤器应安装在管道 90°拐弯的场合。

b）直通式 T 型过滤器应安装在管道的直管上，安装在立管上时，应便于滤网的抽出，安装在水平管时，滤网抽出方向应向下或水平。

c）Y 型过滤器安装在水平管道上时，滤网抽出方向应向下。若 Y 型过滤器安装位置不能满足滤网向下抽出时，可采用倾斜 30°进行安装"。

典型问题 120：某采油厂污水处理站缓冲罐磁翻板液位计未标明液位上下限。

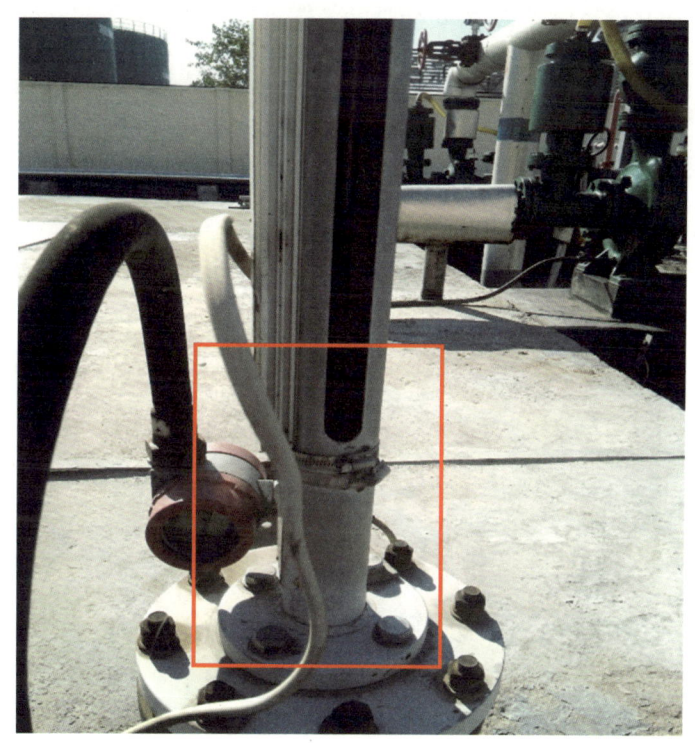

违章普遍性：高。

判断依据：TSG 21—2016《固定式压力容器安全技术监察规程》9.2.2.2 "液位计应当安装在便于观察的位置、否则应当增加其他辅助设施。大型压力容器还应当有集中控制的设施和警报装置。液位计上最高和最低安全液位，应当做出明显的标志"。

典型问题 121：安全阀铭牌压力等级为"0.8 MPa～1.0 MPa"，安全阀整定压力为 0.55 MPa，超出安全阀整定压力等级范围。

违章普遍性：中。

判断依据：GB/T 12241—2021《安全阀 一般要求》7.2.1 "测定动作性能时的整定压力应为所用弹簧设计的最小和最大整定压力"。

典型问题122：污油池收集罐登梯入口1.5 m附近无静电释放器。

违章普遍性：低。

判断依据：SY/T 7345—2024《油气田防静电安全技术规范》5.4 "甲乙类介质泵房的门外、油罐的上罐扶梯入口、油罐采样口处（距采样口不少于1.5 m）、装卸作业区内操作平台的扶梯入口及悬梯口处、装置区入口处、装置区采样口处、码头入口处、卸油台人员操作入口处、加油站卸油口处（距卸油口不少于1.5 m）等危险作业场所应设置本安型人体静电消除器。本安型人体静电消除器触摸体面电阻值应为 $10^7\ \Omega \sim 10^9\ \Omega$，电荷转移量不得大于0.1 μC。本安型人体静电消除器应由有检测资质单位进行检测，合格后允许用于现场"。

典型问题 123：某采油厂排污池呼吸管未做接地。

违章普遍性：低。

判断依据：GB 15599—2009《石油与石油设施雷电安全规范》4.7.4 "地埋管道上应设置接地装置，并经隔离器或去耦合器与管道连接，接地装置的接地电阻应小于 30 Ω"。

典型问题 124：污油池地下水监测点未设置警示标和警示柱。

违章普遍性：低。

判断依据：HJ 164—2020《地下水环境监测技术规范》5.1.3 "环境监测井标识要求：环境监测井宜设置统一标识，包括图形标、监测井铭牌、警示标和警示柱、宣传牌等部分，相关要求参见附录 A"。

典型问题 125：污水池敞口未密闭，现场 VOCs 挥发。

违章普遍性：低。

判断依据：GB 15599—2009《石油与石油设施雷电安全规范》3.1 "石油和石油产品应贮存在密闭性的容器内，并避免油气混合物在容器周围积聚"。

典型问题 126：污水沉降池液位高，现场 VOCs 挥发异味大。

违章普遍性：低。

判断依据：GB 15599—2009《石油与石油设施雷电安全规范》3.1 "石油和石油产品应贮存在密闭性的容器内，并避免油气混合物在容器周围积聚"。

典型问题 127：注水泵排污水封井水封弯头脱落，井内气相空间与注水泵房直接相通。

违章普遍性：低。

判断依据：GB 15599—2009《石油与石油设施雷电安全规范》3.1 "石油和石油产品应贮存在密闭性的容器内，并避免油气混合物在容器周围积聚"。

典型问题 128：污水提升泵停用，进口阀门未挂牌上锁，且泵出口未进行盲板隔离。

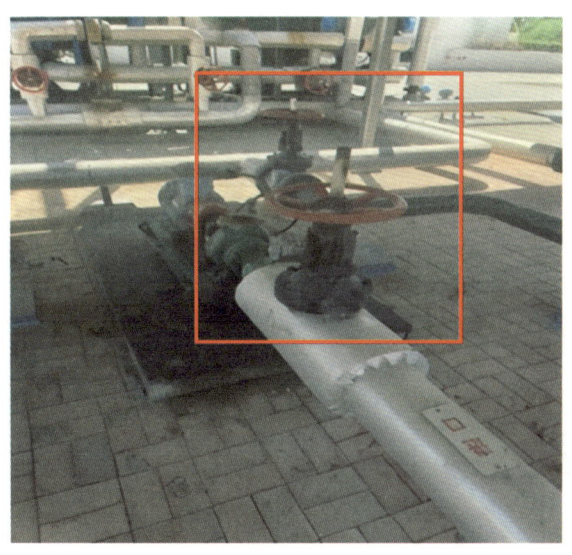

违章普遍性：低。

判断依据：Q/SY 08421—2020《上锁挂牌管理规范》5.1.1 "在作业时，为避免设备设施或系统区域内蓄积危险能量或物料的意外释放，对所有危险能量和物料的隔离设施均应上锁挂牌"。

典型问题 129：站加药泵房排风扇故障无法运转，未及时维修。

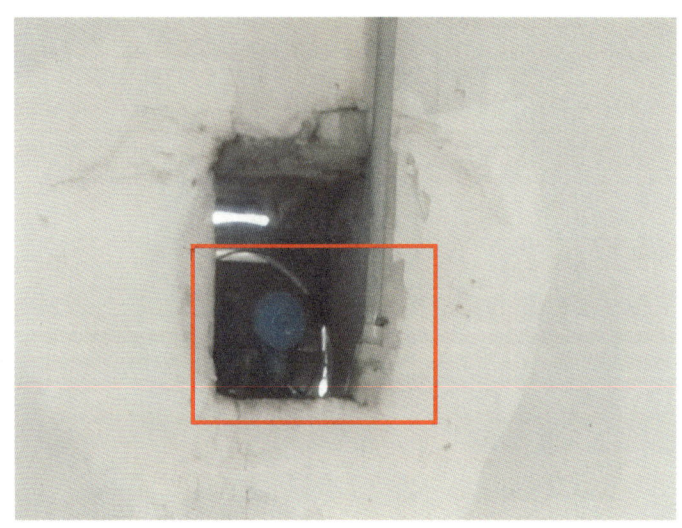

违章普遍性：低。

判断依据：Q/SY 08130.1—2022《工程建设现场安全检查规范　第 1 部分：油田建设》表 A.2　现场通用管理要求检查表有关内容。

典型问题 130：危险化学品储存间未设置安全警示标识。

违章普遍性：高。

判断依据：Q/SY 08128.4—2023《炼化及销售企业现场安全检查规范　第 4 部分：危险化学品仓储》5.4 "标志标识包括以下内容：a）应按照 GB 2894、GB 30000，AQ 3047 的要求，在危险化学品仓库内设置危险化学品的各种标识和标签"。

典型问题 131：化学品实验室未设置洗眼器。

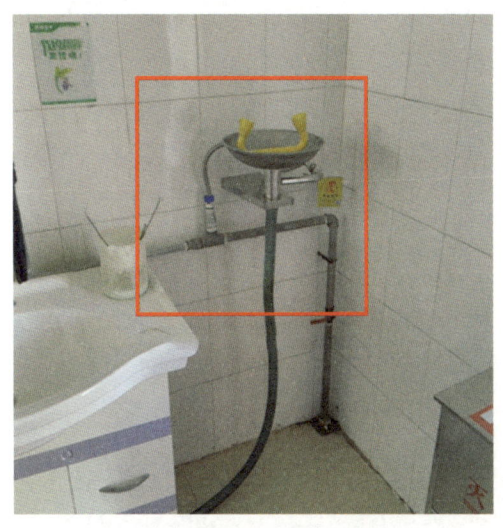

违章普遍性：低。

判断依据：GBZ 1—2010《工业企业设计卫生标准》6.1.2"产生或可能存在毒物或酸碱等强腐蚀性物质的工作场所应设冲洗设施；高毒物质工作场所墙壁、顶棚和地面等内部结构和表面应采用耐腐蚀、不吸收、不吸附毒物的材料，必要时加设保护层；车间地面应平整防滑，易于冲洗清扫；可能产生积液的地面应做防渗透处理，并采用坡向排水系统，其废水纳入工业废水处理系统"。

典型问题 132：化验室使用盐酸无进出库记录。

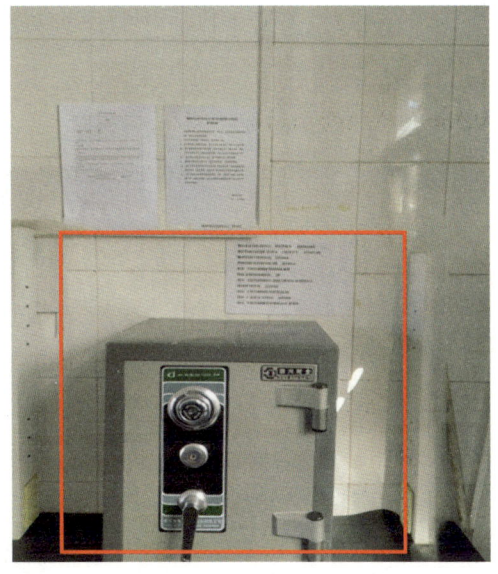

违章普遍性：低。

判断依据：Q/SY 08128.4—2023《炼化及销售企业现场安全检查规范 第 4 部分：危险化学品仓储》5.1.2"一般要求 g）危险化学品出入库应符合下列要求：1）危险化学品仓库应建立出入库管理、核查、登记等管理制度""j）危险化学品台账应及时更新，做到账物相符，并实施危险化学品全过程管理"。

典型问题 133：齿轮泵未安装安全阀。

违章普遍性：低。

判断标准：Q/SY 08126.1—2022《油气田现场安全检查规范 第 1 部分：陆上油气生产作业》"电动往复泵、杆泵和齿轮泵等容积泵的出口管段阀门前，应装设安全（泵本身有安全阀的除外）"。

典型问题 134：加药泵房内无排风系统。

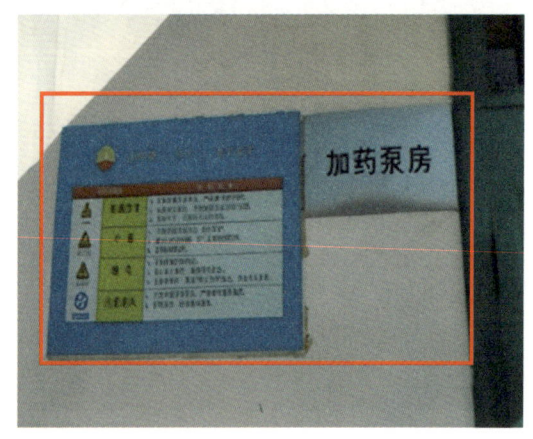

违章普遍性：低。

判断标准：Q/SY 08130.1—2022《工程建设现场安全检查规范 第1部分：油田建设》相关要求。

典型问题 135：注水泵机油大量漏失，造成柱塞泵机油油位低于下限。

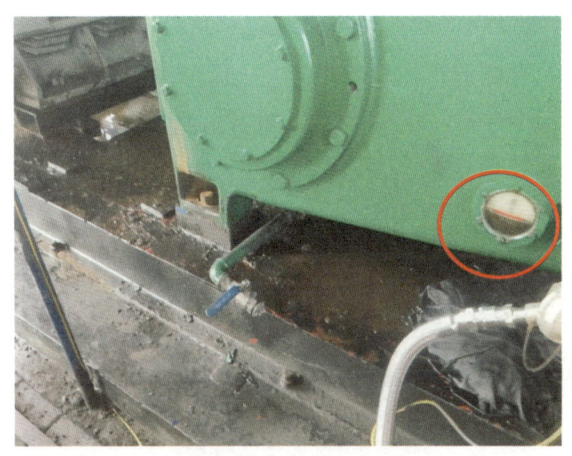

违章普遍性：高。

判断标准：Q/SY 08126.1—2022《油气田现场安全检查规范 第1部分：陆上油气生产作业》"3.应检查电动机转动轴、传动皮带完好、防护罩完好，检查电压正常、机壳接地紧固检查机油无变质、机油油位在2/3～3/4处"。

典型问题 136：注水泵为运转状态，但挂备用状态牌。

违章普遍性：低。

判断依据：Q/SY 08421—2020《上锁挂牌管理规范》5.1.1"在作业时，为避免设备设施或系统区域内蓄积危险能量或物料的意外释放，对所有危险能量和物料的隔离设施均应上锁挂牌"。

典型问题 137：柱塞泵皮带轮旋转部位防护不到位。

违章普遍性：低。

判断依据：SY/T 6320—2022《陆上油气田油气集输安全规程》3.3.6"机电设备转动部位应有防护罩，并安装可靠"。

典型问题 138：注水泵出口四分闸门手轮缺失。

违章普遍性：低。

判断依据：GB 50093—2013《自动化仪表工程施工及质量验收规范》6.10.2"操作手轮应处在便于操作的位置"。

典型问题139：锅炉燃气撬减压装置出口管道安全阀，前端控制阀未打开，起不到定压泄放保护作用。

违章普遍性：低。

判断依据：TSG ZF001—2006《安全阀安全技术监察规程》B4.2"进出口管道安全阀的进口管道应当符合以下要求：

（1）安全阀的进口管道直径不小于安全阀进口直径，如果几个安全阀共用一条进口管道时，进口管道的截面积不小于这些安全阀的进口截面积总和；

（2）安全阀的出口管道直径不小于安全阀的出口直径，安全阀的出口管道接向安全地点；

（3）安全阀出口的排放管上如果装有消音器，必须有足够的流通面积，以防止安全阀排放时所产生的背压过高而影响安全阀的正常动作及其排放量；

（4）安全阀的进出口管道一般不允许设置截断阀，必须设置截断阀时，需要加铅封并且保证锁定在全开状态，截断阀的压力等级需要与安全阀进出口管道的压力等级一致，截断阀进出口的公称通径不小于安全阀进出口法兰的公称通径"。

典型问题140：某油田开发公司一作业区锅炉天然气放散管引至锅炉房屋檐处，未高出锅炉间屋顶2 m以上。

违章普遍性：低。

判断依据：GB 50028—2006《城镇燃气设计规范》（2020年版）4.3.21"放散管管口高度应符合下列要求：

1. 高出管道和设备及其走台4 m，并距地面高度不小于10 m；

2. 厂房内或距厂房10 m以内的煤气管道和设备上的放散管管口，应高出厂房顶4 m"。

典型问题141：某作业区锅炉蒸汽出口2个安全阀泄放管高度不足。

违章普遍性：低。

判断依据：GB 50028—2006《城镇燃气设计规范》（2020年版）4.3.21"放散管管口高度应符合下列要求：

1. 高出管道和设备及其走台 4 m，并距地面高度不小于 10 m；
2. 厂房内或距厂房 10 m 以内的煤气管道和设备上的放散管管口，应高出厂房顶 4 m"。

典型问题 142：燃气供气管线阀门未上锁挂牌。

违章普遍性：低。

判断依据：Q/SY 08421—2020《上锁挂牌管理规范》5.1.1 "在作业时，为避免设备设施或系统区域内蓄积危险能量或物料的意外释放，对所有危险能量和物料的隔离设施均应上锁挂牌"。

典型问题 143：配电室挡鼠板高度不足 500 mm。

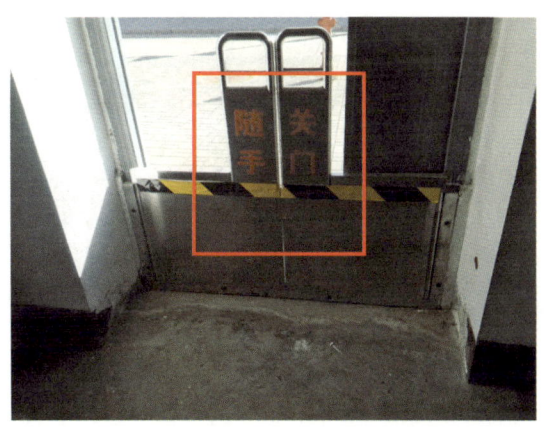

违章普遍性：低。

判断依据：Q/SY 08126.1—2022《油气田现场安全检查规范 第 1 部分：陆上油气生产作业》表 B.24 配电间安全检查表 "14. 配电间与室外相通的洞、通风孔应设置网孔小

— 169 —

于 10 mm×10 mm 的金属网,防止鼠、蛇类等小动物进入。直接与室外露天相通的通风孔还应采取防止雨、雪飘入的措施,配电间门应设置高度不小于 500 mm 的挡鼠板"。

典型问题 144:发电机控制柜电压表损坏。

违章普遍性:低。

判断依据:Q/SY 08126.1—2022《油气田现场检查规范 第 1 部分:陆上油气生产作业》"12.安全附件及仪表安全阀、压力表、液位计等齐全、有效"。

典型问题 145:启动机未断开电源。

违章普遍性:低。

判断依据:Q/SY 08421—2020《上锁挂牌管理规范》5.4.2 "电器上锁注意事项,具有远程控制功能的用电设备,不能仅依靠现场的启动按钮来测试确认电源是否断开,远程控制必须置于'就地'或者'断开'状态下挂牌上锁"。

2 场站管理

典型问题 146：发电机控制面板与中控监测系统上均无转速显示。

违章普遍性：低。

判断依据：GB 50093—2013《自动化仪表工程施工及质量验收规范》6.1.1 "显示仪表应安装在便于观察示值的位置"。

典型问题 147：天然气发电机天然气来气管线法兰均使用非标准件（4孔对8孔），未严格执行设计方案。

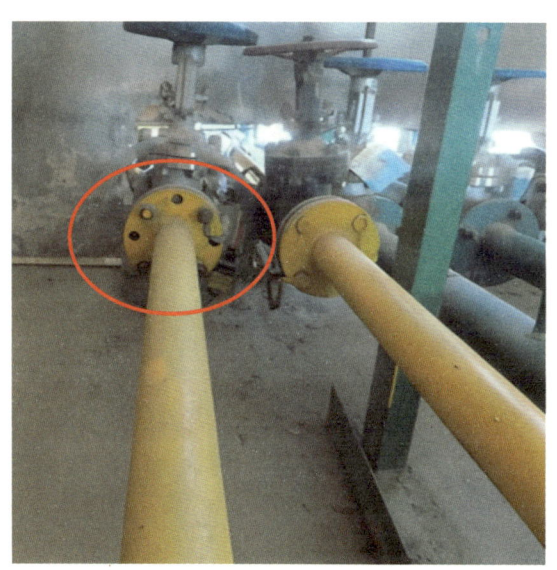

违章普遍性：低。

判断依据：Q/SY 08126.1—2022《油气田现场检查规范 第1部分：陆上油气生产作业》"连接法兰型号应一致，固定螺栓齐全、紧固，连接法兰不得焊接"。

典型问题 148：某采油厂作业区联合站监督发现，其中某转油站两台锅炉存在超期未检，且特种设备档案外检报告、燃烧器检验报告、安全阀校验报告均为过期资料。

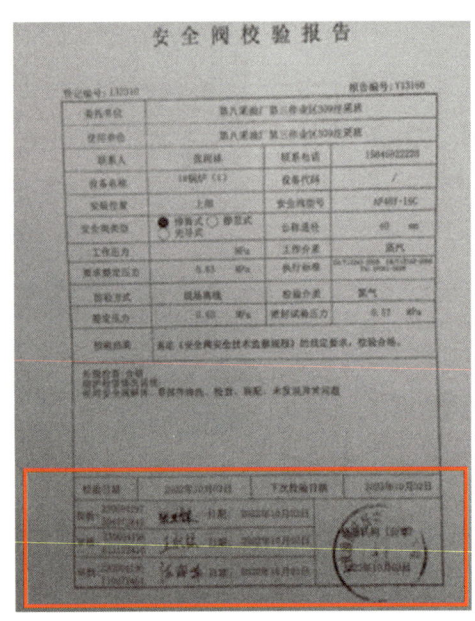

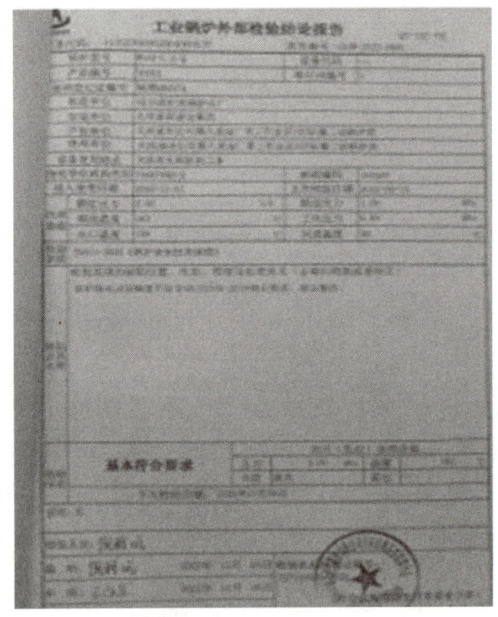

违章普遍性：低。

判断依据：Q/SY 08836—2021《锅炉／加热炉燃油（气）燃烧器及安全联锁装置保护装置检测规范》5.3 "检测周期锅炉／加热炉燃油（气）燃烧器及安全联锁保护装置的检测应每年进行一次。有下列情况之一时，也应对锅炉／加热炉燃油（气）燃烧器及安全联锁保护装置进行检测：a）燃烧器的改造或更换完成后；b）移装锅炉/加热炉投运前；c）锅炉/加热炉停止运行一年以上需要恢复运行前"。

典型问题 149：两台锅炉一级安全阀整定压力为 0.3 MPa，与超压停炉设定值 0.3 MPa 相同，未留余量。且风机未设置室外控制按钮。

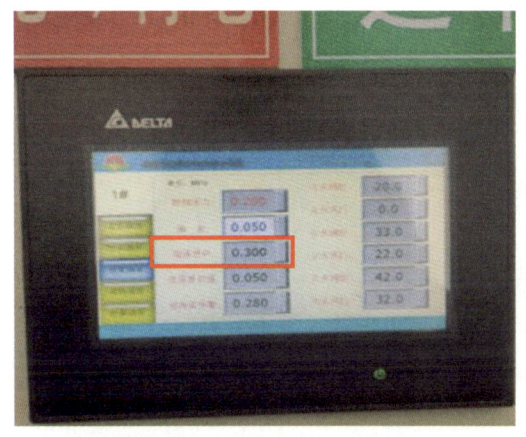
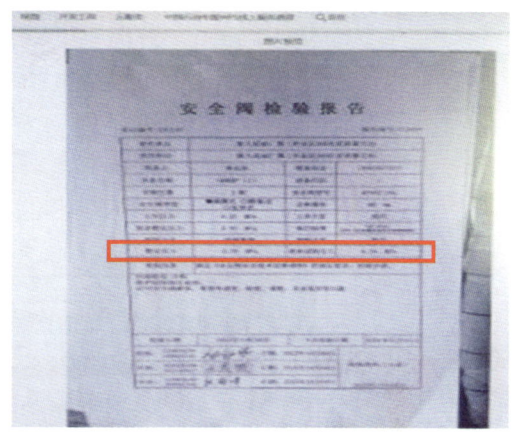

违章普遍性：低。

判断依据：GB 50019—2015《工业建筑供暖通风与空气调节设计规范》6.4.7 "事故通风的通风机应分别在室内及靠近外门的外墙上设置电气开关"。

典型问题 150：某油田采油厂转油站监督检查时发现，站内 9 台二合一罐体顶部自动除垢装置电机非防爆电气设备。

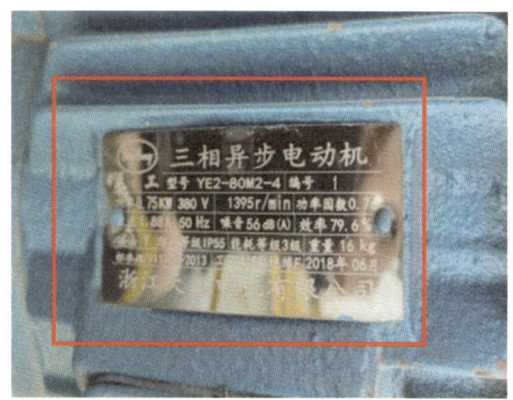

违章普遍性：低。

判断依据：SY/T 5225—2019《石油天然气钻井、开发、储运防火防爆安全生产技术规程》7.1.2.1 "原油集输、处理、储运系统爆炸危险区域内的电器设施应采用防爆电器"。

典型问题 151：通风机未分别在室内及靠近外门的外墙上设置电气开关。

违章普遍性：低。

判断依据：Q/SY 08126.1—2022《油气田现场安全检查规范 第 1 部分：陆上油气生产作业》"比空气轻的可燃气体压缩机棚或房的顶部应采用通风措施"。

典型问题 152：流量计 1#、2#、3# 防爆开关外壳 3 条螺栓未拧紧，设备失爆。

违章普遍性：低。

判断依据：GB 50257—2014《电气装置安装工程 爆炸和火灾危险环境电气装置施工及验收规范》4.3.3"设备的紧固螺栓应有防松措施，应无松动和锈蚀"。

典型问题 153：外输泵出口电子压力表均未安装接地。

违章普遍性：低。

判断依据：AQ 3009—2007《危险场所电气防爆安全规范》6.1.1.4"电气设备的金属外壳、金属构架等非带电的裸露金属部分均应接地"。

典型问题 154：某采油厂联合站转油站药品间存在问题：
（1）药品间部分危险化学品缺乏安全标签，如脱硫剂等。
（2）缺乏危化品风险告知牌。
（3）危化品反应矩阵中，列入了现在存在不存在的清蜡剂。

违章普遍性：低。

判断依据：Q/SY 08128.4—2023《炼化及销售企业现场安全检查规范 第 4 部分：危

险化学品仓储》5.4"标志标识包括以下内容：a）应按照 GB 2894、GB 30000，AQ 3047 的要求，在危险化学品仓库内设置危险化学品的各种标识和标签"。

典型问题 155：凝析油收球筒处阀门开关状态标识无法读取现场状态。

违章普遍性：低。

判断依据：GB/T 20173—2013《石油天然气工业　管道输送系统　管道阀门》7.16 "装有手工操作或动力驱动装置的阀门应配备可见的位置指示器，以显示关闭件的启闭位置"。

典型问题 156：凝析油收球筒阀门内漏，表压值 0.2 MPa。

违章普遍性：低。

判断依据：Q/SY 08126.3—2022《油气田现场安全检查规范　第 3 部分：油气集输作业》"生产现场应无油污管线、阀门、储液罐等设备设施无油气水跑、冒、滴、漏现象"。

典型问题 157：凝析油 168 管线的三相接头焊接焊缝间距小于 100 mm。

违章普遍性：低。

判断依据：GB 50661—2011《钢结构焊接规范》5.2.7 "焊缝外观质量应符合表 5.2.7-1 和表 5.2.7-2 的规定"。

典型问题 158：某采油厂联合站，站内混烃装置空泡区注气管线安全阀前端截止阀未加铅封。

违章普遍性：低。

判断依据：TSG 21—2016《固定式压力容器安全技术监察规程》9.1.3 "超压泄放装置的安装要求（4）超压泄放装置与压力容器之间安装的截止阀门在压力容器正常运行期间，截止阀门必须保证全开（加铅封或者锁定）"。

典型问题 159：脱水泵房内收油泵（罗茨泵）、收油泵房内收油泵（螺杆泵）出口管线存在未安装安全阀的现象。

违章普遍性：低。

判断依据：Q/SY 08126.3—2022《油气田现场安全检查规范 第3部分：油气集输作业》中的要求，"电动往复泵、螺杆泵和齿轮泵等容积泵的出口管段阀门前应装设安全阀的规定"。

典型问题 160：某采油厂作业区联合站监督发现，脱水泵房内电脱水器安全阀进口截止阀存在未铅封锁定的现象。

违章普遍性：低。

判断依据：GB/T 12241—2021《安全阀 一般要求》"安全阀的所有外部调节机构应采取上锁或铅封措施"。

典型问题 161：脱水泵房内收油泵（螺杆泵）出口管线存在未安装安全阀的现象。

违章普遍性：低。

判断依据：Q/SY 08126.3—2022《油气田现场安全检查规范　第 3 部分：油气集输作业》："电动往复泵、螺杆泵和齿轮泵等容积泵的出口管段阀门前应装设安全阀"。

典型问题 162：污水撬装进口压力表压力值 0.55 MPa，已超过标记上限；压力表量程为 0～0.6 MPa，正常压力值应为量程的 1/3～2/3，选型不合理。

违章普遍性：低。

判断依据：TSG 21—2016《固定式压力容器安全技术监察规程》8.4.1"压力表盘刻度极限值应为工作压力的 1.5～3.0 倍"。

典型问题 163：某采油厂联合站现场监督检查发现，集气间外甲醇加注现场未安装可燃气体报警器。

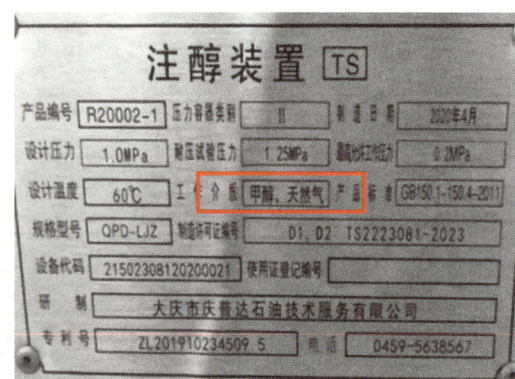

违章普遍性：低。

判断依据：SY/T 6503—2022《石油天然气工程可燃气体和有毒气体检测报警系统安全规范》5.2 "非封闭场所 5.2.1 存在下列释放源的场所应设置检测点：

a）液化天然气、天然气凝液、液化石油气、稳定轻烃、丙烷、丁烷、凝析油、甲醇；

b）相对密度大于 1.0 的可燃气体；

c）有毒气体"。

典型问题 164：某采油厂一联合站，站锅炉安全阀泄放管口正对平台爬梯出口，未直通至安全地点。

违章普遍性：低。

判断依据：GB 50160—2008《石油化工企业设计防火标准》（2018 年版）5.5.4 "石油化工企业设计防火规范：易燃介质引入安全地点或进入系统"。

2 场站管理

典型问题 165：储罐的罐顶附件的对接法兰未采用铜质导体跨接。

违章普遍性：中。

判断依据：SY/T 5984—2020《油（气）田容器、管道和装卸设施接地装置安全规范》3.4 "钢储罐顶部附件（机械呼吸阀、液压安全阀、阻火器等）的对接法兰应采用直径不小于 10 mm 的铜质导体跨接"。

典型问题 166：储罐停用后，未对储罐进出油管线进行卡断隔离。

违章普遍性：低。

判断依据：SY/T 6306—2020《钢质原油储罐运行安全规范》5.4 "储罐停用应至少符合以下要求：

a）将储罐液位降至储罐的低液位报警值，浮顶油罐浮盘支撑不得落底。

b）关闭与储罐连接的所有阀门并上锁，悬挂"严禁开启"等警示标识。

c）关闭人孔、清扫孔、量油孔、透光孔等，防止雨水等进入储罐。

d）保持防雷接地良好，接地电阻值符合标准要求。

e）制订专项安全管理措施（包括冬季防凝），并定期进行安全检查"。

典型问题167：储油罐，罐前操作台斜梯一侧无扶手。

违章普遍性：低。

判断依据：GB 4053.2—2009《固定式钢梯及平台安全要求　第2部分：钢斜梯》5.6.3 "梯宽不大于1100 mm两边敞开的斜梯，应在两侧均安装梯子扶手"。

典型问题168：扶梯护笼高度不足，未高出罐顶，上下扶梯未起到保护作用。

违章普遍性：低。

判断依据：GB 4053.1—2009《固定式钢梯及平台安全要求　第1部分：钢直梯》5.7.7 "护笼顶部在平台或梯子顶部进、出平面之上的高度应不小于GB 4053.3中规定的栏杆高度，并有进、出平台的措施或进出口"。

典型问题 169：阻火器的阻火网局部堵塞。

违章普遍性：低。

判断依据：SY/T 6306—2020《钢质原油储罐运行安全规范》5.2.2 "b）呼吸阀、阻火器、液压安全阀无堵塞、冻结，液压安全阀油位正常、无变质，且均在校验期内使用"。

典型问题 170：原油储罐泡沫发生器玻璃板破损，密封不严易导致油气挥发。

违章普遍性：低。

判断标准：Q/SY 08126.3—2022《油气田现场安全检查规范 第3部分：油气集输作业》"生产现场应无油污现象管线、阀门、储液罐等设备设施无油气水跑、冒、滴、漏"。

典型问题 171：卧式容器基础滑动端预埋铁板设计尺寸与设备鞍座不匹配，卧式容器基础抹面高于预埋铁板，卧式容器滑动端未安装到预埋铁板上，导致滑动端不能正常滑动。

违章普遍性：低。

判断标准：SY/T 4201.3—2019《石油天然气建设工程施工质量验收规范 设备安装工程 第 3 部分：容器类》6.2.4 "卧式容器安装时活动支座底部与基础滑动面应清理干净，涂上润滑剂，滑动端的限位螺栓拧紧后应将螺母拧松一扣，保证容器能沿轴向自由滑动。螺栓处于螺孔的中心位置，找正，找平后应及时紧固地脚螺栓，保证滑动端有充足的滑动余量"。

典型问题 172：原油卸车台处 60 m³ 卸油罐直读液位计失效。

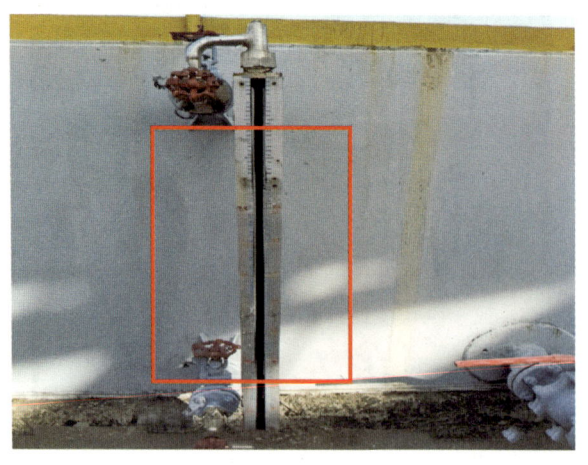

违章普遍性：低。

判断标准：SY/T 6306—2020《钢质原油储罐运行安全规范》5.1.1 "生产经营单位应建立包括但不局限于以下储罐管理资料：b）制定储罐安全操作规程和安全检查表"；5.1.3 "储

存液位要求：a）应根据设计、竣工文件及储罐实际情况确定储罐高、低液位的报警值和高高、低低液位报警联锁控制参数"；5.3.5"储罐运行过程中应至少检查以下内容：c）液位计灵活好用，就地显示醒目、远传准确、报警灵敏，储罐液位应在安全液位高度以内"。

典型问题 173：卸油台螺杆泵出口未设置安全阀。

违章普遍性：低。

判断标准：Q/SY 08126.1—2022《油气田现场安全检查规范 第 1 部分：陆上油气生产作业》"电动往复泵、杆泵和齿轮泵等容积泵的出口管段阀门前，应装设安全（泵本身有安全阀的除外）"。

典型问题 174：某采油厂一联合站卸油台卸油口附近防爆多余的接口未做防爆封堵。

违章普遍性：低。

判断标准：Q/SY 08431—2021《防静电安全技术规范》5.4"甲乙类介质泵房的门外、油罐的上罐扶梯入口、油罐采样口处（距采样口不少于 1.5 m）、装卸作业区内操作平台的扶梯入口及悬梯口处、装置区入口处、装置区采样口处、码头入口处、卸汭台人员操作入口处、加油站卸油口处（距卸油口不少于 1.5 m）等危险作业场所应设置本安型人体静电消除器。本安型人体静电消除器触摸体面电阻值应为 $10^7\,\Omega \sim 10^9\,\Omega$，电荷转移量不得大于 0.1 μC。本安型人体静电消除器应由有检测资质单位进行检测，合格后允许用于现场"。

典型问题 175：卸油台东西两侧孔洞未及时封堵，现场部分废液外溢至不防渗的砖铺地面。

违章普遍性：中。

判断标准：Q/SY 08126.3—2022《油气田现场安全检查规范 第3部分：油气集输作业》。"生产现场应无油污现象管线、阀门、储液罐等设备设施无油气水跑、冒、滴、漏"。

典型问题 176：卸油台污油回收池螺杆泵未安装安全阀。

违章普遍性：低。

判断标准：Q/SY 08126.1—2022《油气田现场安全检查规范 第1部分：陆上油气生产作业》"电动往复泵、杆泵和齿轮泵等容积泵的出口管段阀门前，应装设安全（泵本身有安全阀的除外）"。

典型问题 177：储集器拉油鹤管长度不足。

违章普遍性：中。

判断标准：Q/SY 08126.3—2022《油气田现场安全检查规范 第3部分：油气集输作业》表 A.3 "2.3. 装车时，装油鹤管应插入到距槽罐体底部约 200 mm 处"。

典型问题 178：输油泵一块压力表未标注最高工作压力线。

违章普遍性：低。

判断标准：《安全目视化管理导则》A.3.2 "指示仪表工艺设备附属压力表、温度计、液位计等指示仪表应用透明色条标识出正常工作范围"。

典型问题 179：卸油泵出口汇管电加热带防爆接线盒的接地端子安装位置错误（未安装在专有的接地端子上）。

违章普遍性：中。

判断标准：GB 50257—2014《电气装置安装工程　爆炸和火灾危险环境电气装置施工及验收规范》7.1.1 "爆炸危险环境的电气设备的金属外壳、金属架构，安装在已接地的金属结构上的设备，等非带电的裸露金属部分均应接地"。

典型问题 180：某采油厂一联合站装置区安全阀前后截断阀未加铅封。

违章普遍性：低。

判断标准：TSG ZF001—2006《安全阀安全技术监察规程》4.2.4 "安全阀进出口管道一般不允许设置截断阀，必须设置截断阀时，需加铅封，并且保证锁定在全开状态"。

典型问题 181：某采油厂一联合站装置区离心泵油杯无润滑油。

违章普遍性：低。

判断标准：SHS 01013—2004《离心泵维护检修规程》4.2.4 "保持运转平稳，无杂音，封油冷却水和润滑油系统工作正常，泵及附属管路无泄漏"。

典型问题 182：某采油厂一联合站装置区机泵游帽缺失。

违章普遍性：低。

判断标准：SHS 01013—2004《离心泵维护检修规程》4.1.4 "润滑油、封油、冷却水等系统正常，零附件齐全好用"。

典型问题 183：某采油厂一联合站装置区泵的转动部位安全防护罩未起到保护作用。

违章普遍性：低。

判断标准：SY/T 6320—2022《陆上油气田油气集输安全规程》3.3.6 "机电设备转动部位应有防护罩，并安装可靠"。

典型问题 184：某采油厂一联合站装置区安全阀上未悬挂检定标牌。

违章普遍性：低。

判断标准：TSG ZF001—2006《安全阀安全技术监察规程》附件 E 第 4（3）条"铅封处还必须挂有标牌，标牌上有检验机构名称及代号，校验编号，安装的设备编号，整定压力和下次校验日期"。

典型问题 185：配电间挡鼠板未关闭。

违章普遍性：低。

判断标准：Q/SY 08126.3—2022《石油企业现场安全检查规范 第 3 部分：油气集输作业》表 A.3"配电室的门、窗关闭应密合。门应外开并能自动关闭，应设置高度不小于 500 mm 的挡鼠板。应采用不能开启的自然采光窗，当采用可开启的窗户时，应设网孔小于 10 mm×10 mm 的金属网"。

典型问题 186：电缆桥架等电位静电连接错误，且连接螺栓锈蚀。

违章普遍性：低。

判断标准：GB 50169—2016《电气装置安装工程 接地装置施工及验收规范》4.3.9 "1 金属电缆桥架的接地应符合下列规定：……电缆桥架主体采用两端压接铜鼻子的铜绞线跨接，跨接线最小截面积不应小于 4 mm"。

典型问题 187：结脱水器区分离器中控阀 380 V 电源进线端口没有封闭。

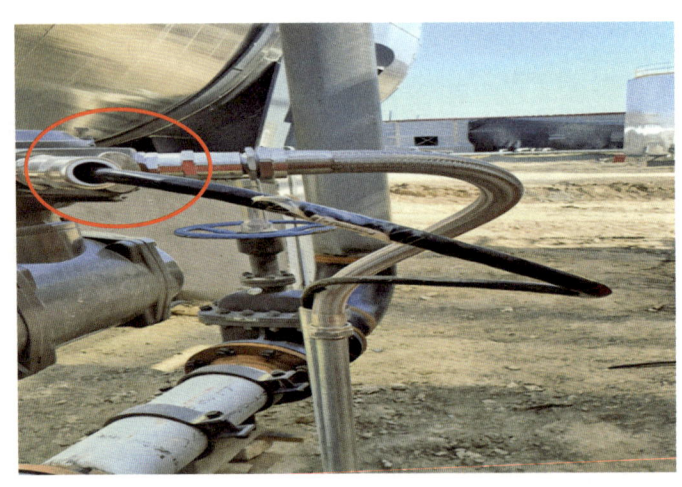

违章普遍性：低。

判断标准：GB 50257—2014《电气装置安装工程 爆炸和火灾危险环境电气装置施工及验收规范》4.1.4 "防爆电气设备多余的进线口其弹性密封圈和金属垫片、封堵件等应齐全，且安装紧固、密封良好"。

典型问题 188： 三相分离原油处理区，三相分离器滑动端支座长圆孔外端与地脚螺栓间隙为 0 mm，限制三相分离器冷却时收缩滑动。

违章普遍性： 低。

判断标准： SY/T 4201.3—2019《石油天然气建设工程施工质量验收规范 设备安装工程 第 3 部分：容器类》6.2.4 "卧式容器安装时活动支座底部与基础滑动面应清理干净，涂上润滑剂，滑动端的限位螺栓拧紧后应将螺母拧松一扣，保证容器能沿轴向自由滑动。螺栓处于螺孔的中心位置，找正、找平后应及时紧固地脚螺栓，保证滑动端有充足的滑动余量"。

典型问题 189： 螺杆泵震动较大，所使用的压力表不是耐震型的。

违章普遍性： 低。

判断标准： Q/SY 06002.4—2016《油气田地面工程油气集输处理工艺设计规范 第 4 部分：站场》7.2.3 "泵的吸入管应装过滤器和真空耐震压力表，出口管应装止回阀和耐震压力表。对于离心泵，过滤器面积一般取入口管截面积的 3～4 倍。对于容积泵过滤器面积可按泵技术要求确定"。

典型问题 190：压力防爆接线箱螺栓缺失平垫和弹簧垫。

违章普遍性：低。

判断标准：GB 50257—2014《电气装置安装工程 爆炸和火灾危险环境电气装置施工及验收规范》4.2.1.4 "紧固螺栓应齐全，弹簧垫圈等防松设施应齐全完好"。

典型问题 191：设备安全阀拆装后用塑料布包裹未用盲板进行封堵。

违章普遍性：低。

判断标准：GB 50235—2010《工业金属管道工程施工规范》9.1.5 "管道吹扫与清洗前，应将系统内的仪表、孔板、喷嘴、滤网、节流阀、调节阀、电磁阀、安全阀、止回阀（或止回阀阀芯）等管道组成件暂时拆除，并应以模拟体或临时短管替代，待管道吹洗合格后应重新复位。对以焊接形式连接的上述阀门、仪表等部件，应采取流经旁路或卸掉阀头及阀座加保护套等保护措施后再进行吹扫与清洗"。

典型问题 192：设备安全阀拆装时相关上下流程未上锁挂牌。

违章普遍性：低。

判断标准：Q/SY 08421—2020《上锁挂牌管理规范》5.1.1 "在作业时，为避免设备设施或系统区域内蓄积危险能量或物料的意外释放，对所有危险能量和物料的隔离设施均应上锁挂牌"。

典型问题 193：热炉烟囱北侧拉绳 U 型卡松动。

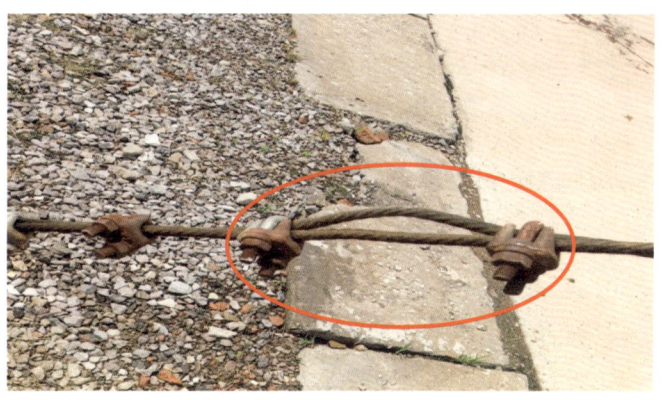

违章普遍性：低。

判断标准：Q/SY 08126.3—2022《油气田现场安全检查规范 第 3 部分：油气集输作业》表 A.2 "17.4. 火炬绷绳牢固，无严重损、腐蚀、锈蚀等现象；钢丝绳夹应与钢丝绳直径相匹配，钢丝绳夹的数量与钢丝绳直径 d（mm）应满足以下要求：

a）$d<18$ 时，钢丝绳夹数量为 3 个；

b）$18 \leqslant d<26$ 时，钢丝绳夹数量 4 个；

c）钢丝绳夹间的距离为 6～7 倍钢丝绳直径"。

典型问题 194：阀门已挂锁具，无挂牌上锁信息。

违章普遍性：低。

判断标准：Q/SY 08421—2020《上锁挂牌管理规范》5.1.1 "在作业时，为避免设备设施或系统区域内蓄积危险能量或物料的意外释放，对所有危险能量和物料的隔离设施均应上锁挂牌"。

典型问题 195：收球筒安全阀使用非标法兰螺栓，且安装不规范。

违章普遍性：低。

判断标准：GB 50184—2011《工业金属管道施工质量验收规范》7.3.8 "法兰连接应使用统一规格螺栓，安装方向一致，螺栓紧固后与法兰紧贴，不得有楔缝"。

典型问题 196：输送泵联轴器护罩使用软性钢丝网进行防护，防护强度不足。

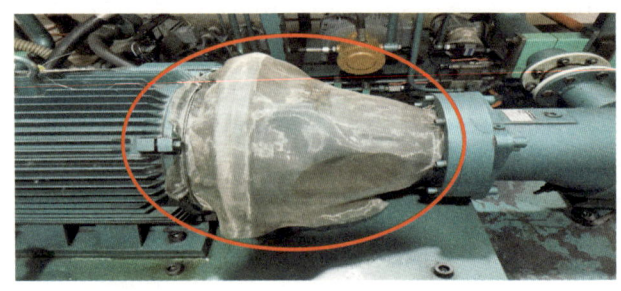

违章普遍性：低。

判断依据：SY/T 6320—2022《陆上油气田油气集输安全规程》3.3.6 "机电设备转动部位应有防护罩，并安装可靠"。

典型问题 197：加药泵房未配置防毒面罩。

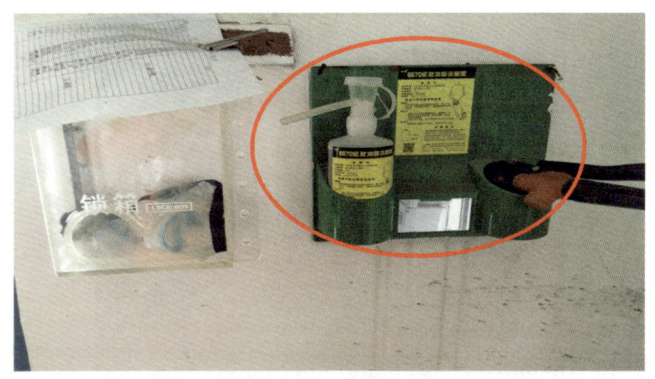

违章普遍性：低。

判断依据：Q/SY 08126.3—2022《油气田现场安全检查规范　第3部分：油气集输作业》表 A.1 "8.3　职业病防护设施、使用职业病危害防护设备、设施，用品防护用品配置有效、齐全，并定期维护和检测，员工能够熟练使用"。

典型问题 198：药品装置区现场未配备药剂使用说明。

违章普遍性：低。

判断依据：Q/SY 08126.3—2022《油气田现场安全检查规范　第3部分：油气集输作业》表 A.1 "8.2. 在泵房、化验室、加药间等可能产生职业病危害的作业岗位醒目位置应设置警示标和职业病防治公告栏"。

典型问题 199：收球筒快开盲板无盲板铭牌信息。

违章普遍性：低。

判断依据：GB 30871—2022《危险化学品企业特殊作业安全规范》7.3"作业单位应按图进行盲板抽堵作业，并对每个盲板设标牌进行标识，标牌编号应与盲板位置图上的盲板编号一致。生产车间（分厂）应逐一确认并做好记录"。

典型问题 200：联合泵房门口风险提示牌仅提示"噪声有害""必须戴护耳罩""注意通风"，未提示"机械伤害"等相关风险。

违章普遍性：低。

判断依据：Q/SY 08126.3—2022《油气田现场安全检查规范 第 3 部分：油气集输作业》表 A.1 "1.5 班组应在存在较大危险因素的生产经营场所和有关设施、设备上设置明显的安全警示标志，标志牌应设置在与安全有关的醒目的地方，多个标志牌在一起设置时，应按警告、禁止、指令、提示类型的顺序，先左后右、先上后下进行排列。安全标志牌至少每半年检查一次，如发现有破损、变形、褪色等不符合要求时应及时修整或更换"。

典型问题 201：外输泵房内未安装 H_2S 报警器探头。

违章普遍性：低。

判断依据：Q/SY 08126.3—2022《油气田现场安全检查规范 第 3 部分：油气集输作业》表 A.2 "21.1 联合站油气计量间、阀组间、油泵房等可能泄出原油、天然气的密闭场所应设可燃气体检测报警系统。硫化氢环境场站的井口区和工艺区，以及在人员进出频繁的位置，或长时间设置密闭装置的位置应设置固定式硫化氢检测报警系统"。

典型问题 202：VOCs 回收撬装区未设置 H_2S 危害警示标志。

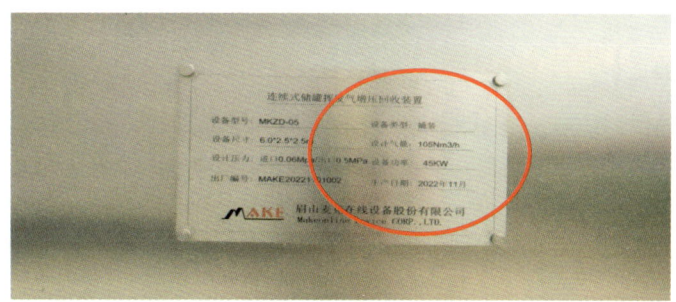

违章普遍性：低。

判断依据：GBZ 158—2003《工作场所职业病危害警示标识》"在使用有毒物品作业场

所入口或作业场所的显著位置，根据需要，设置'当心中毒'或者'当心有毒气体'警告标识，'戴防毒面具''穿防护服''注意通风'等指令标识和'紧急出口''救援电话'等提示标识"。

典型问题203：注入泵撬装装置内未安装固定式CO_2报警仪探头。

违章普遍性：低。

判断依据：SY/T 6503—2022《石油天然气工程可燃气体和有毒气体检测报警系统安全规范》5.2.1"存在下列释放源的场所应设置检测点：a）液化天然气、天然气凝液、液化石油气、稳定轻烃、丙烷、丁烷、凝析油、甲醇；b）相对密度大于1.0的可燃气体；c）有毒气体"。

典型问题204：加热炉区立式生产分离器未安装压力表。

违章普遍性：低。

判断依据：SY 0031—2012《石油工业用加热炉安全规程》9.1.1 "加热炉应设置安全附件。安全附件应包括安全阀、压力表、液位计、测温仪表、报警装置和燃烧系统安全措施等"。

2.3 储油气库

典型问题 1：某油田第二采油厂在用的 200 m³ 储油罐液压安全阀、机械呼吸阀在储油罐正常运行时使用毛毡包裹封堵，影响机械呼吸阀、液压安全阀正常运行。

违章普遍性：低。

判断依据：SY/T 6306—2020《钢质原油储罐运行安全规范》5.2.2 "b）呼吸阀、阻火器、液压安全阀无堵塞、冻结，液压安全阀油位正常、无变质，且均在校验期内使用"。

典型问题 2：油罐周围未形成闭合环形接地，接地点未均布并少于两处。

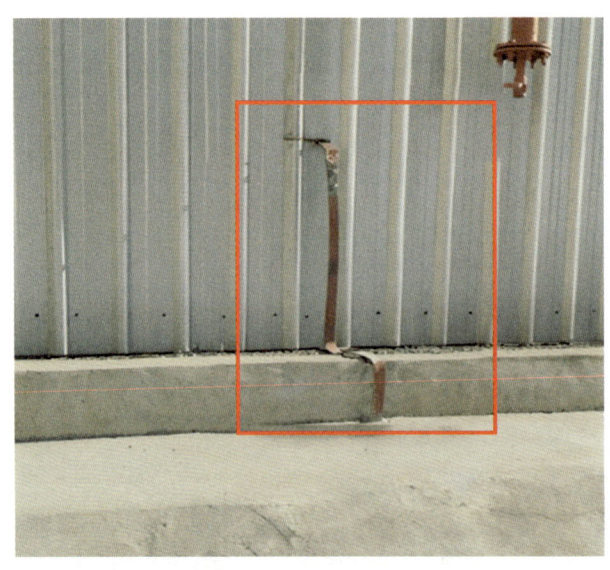

违章普遍性：低。

判断依据：Q/SY 08126.3—2022《油气田现场安全检查规范 第 3 部分：油气集输作业》表 A.2 "15 1.储油罐周围应设闭合环形接地，接地点均布并不少于两处，接地点之间距离不大于 30 m，接地电阻值不应大于 100"。

典型问题 3：防爆电气设备的进线口未封堵。

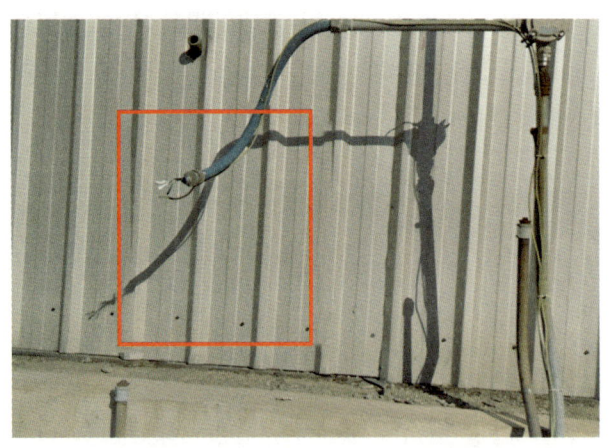

违章普遍性：低。

判断依据：Q/SY 08126.3—2022《油气田现场安全检查规范 第 3 部分：油气集输作业》表 A.2 "13 3.防爆电气设备的进线口与电缆、导线应能可靠地接线和密封，电气设备多余的电缆引入口应用适用于相关防爆型式的堵塞元件进行封堵"。

典型问题 4：与电气设备的连接处采用防爆挠性连接管时，未采用专用接头。

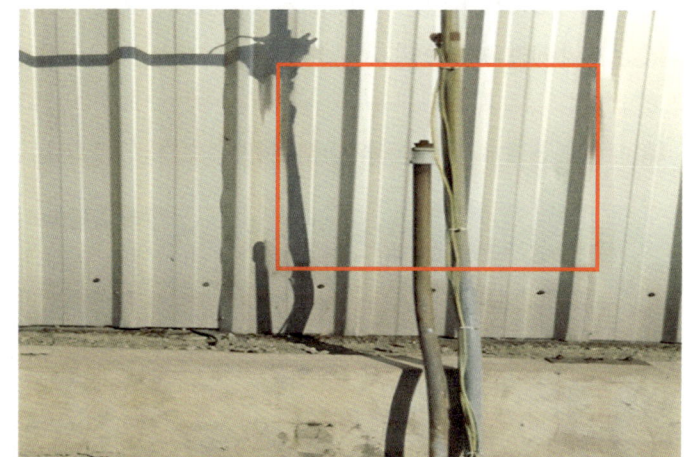

违章普遍性：低。

判断依据：Q/SY 08126.3—2022《油气田现场安全检查规范 第 3 部分：油气集输作业》表 A.2 "13 3.防爆电气设备的进线口与电缆、导线应能可靠地接线和密封，电气设备多余的电缆引入口应用适用于相关防爆型式的堵塞元件进行封堵"。

典型问题 5：储油罐进、出口管线未设置韧性软管补偿器。

违章普遍性：低。

判断依据：SY/T 6320—2022《陆上油气田油气集输安全规程》7.1.5 "5000 m³ 以上的储油罐进、出油管线应装设韧性软管补偿器"。

典型问题6：储油罐二号罐液压安全阀液压油漏失。

违章普遍性：低。

判断依据：SY/T 5921—2017《立式圆筒形钢制焊接油罐操作维护修理规程》4.2.10 "固定顶油应检查液压安全阀油位正常、液压油指标合格，检查呼吸阀进出口应无堵塞，安全阀、呼吸阀法兰与阻火器法兰连接完好。寒冷地区，冬季应及时清除室内外表面的霜和冰"。

典型问题7：某采油厂一储油罐取样口附近未设置消除人体静电装置。

违章普遍性：低。

判断依据：Q/SY 08431—2021《防静电安全技术规范》5.4 "甲乙类介质泵房的门外、油罐的上罐扶梯入口、油罐采样口处（距采样口不少于 1.5 m）、装卸作业区内操作平台的扶梯入口及悬梯口处、装置区入口处、装置区采样口处、码头入口处、卸汽台人员操作入口处、加油站卸油口处（距卸油口不少于 1.5 m）等危险作业场所应设置本安型人体静电消除器。本安型人体静电消除器触摸体面电阻值应为 $10^7\ \Omega \sim 10^9\ \Omega$，电荷转移量不得大于 $0.1\ \mu C$。本安型人体静电消除器应由有检测资质单位进行检测，合格后允许用于现场"。

典型问题 8：某采油厂一溶液储罐至低位罐阀门未锁定。

违章普遍性：低。

判断依据：Q/SY 08421—2020《上锁挂牌管理规范》5.1.1 "在作业时，为避免设备设施或系统区域内蓄积危险能量或物料的意外释放，对所有危险能量和物料的隔离设施均应上锁挂牌"。

典型问题 9：沉降罐无硫化氢安全警示标识，无固定式硫化氢检测探头。

违章普遍性：低。

判断依据：《工作场所职业卫生管理规定》（国家卫生健康委令第 5 号）第十五条"存在或者产生职业病危害的工作场所、作业岗位、设备、设施，应当按照《工作场所职业病危害警示标识》（GBZ 158）的规定，在醒目位置设置图形、警示线、警示语句等警示标识和中文警示说明。警示说明应当载明产生职业病危害的种类、后果、预防和应急处置措施等内容"。

典型问题 10：仪表本体未做接地线。

违章普遍性：低。

判断依据：GB 50257—2014《电气装置安装工程　爆炸和火灾危险环境电气装置施工及验收规范》标准条款：2014 7.1.1 "在爆炸危险环境的电气设备的金属外壳、金属构架、安装在已接地的金属结构上的设备、金属配线管及其配件、电缆保护管、电缆的金属护套等非带电的裸露金属部分，均应接地"。

3 井控管理

典型问题 1: 撬装式燃气调压装置紧急放空上的弹簧式安全阀及现场安装的所有固定式可燃气体检测仪均未校验。

违章普遍性: 低。

判断依据: Q/SY 08126.3—2022《油气田现场安全检查规范 第 3 部分：油气集输作业》"12.安全附件及仪表安全阀、压力表、液位计等齐全、有效"。

典型问题 2: ESD 控制柜泵输出压力表控制压力未按照现场操作规程将压力控制在 3000～4000 psi。

违章普遍性：低。

判断依据：Q/SY 08126.3—2022《油气田现场安全检查规范 第3部分：油气集输作业》"12.安全附件及仪表安全阀、压力表、液位计等齐全、有效"。

典型问题3：节流汇管18号闸阀，阀杆观察洞被塑料薄膜遮挡，无法正常观察闸阀开关状态。

违章普遍性：低。

判断依据：Q/SY 08421—2020《上锁挂牌管理规范》5.1.1"在作业时，为避免设备设施或系统区域内蓄积危险能量或物料的意外释放，对所有危险能量和物料的隔离设施均应上锁挂牌"。

典型问题4：500立方米拼装式环保应急池只有1处下脚点，导致浮油收集困难。

违章普遍性：低。

判断依据：Q/SY 08130.1—2022《工程建设现场安全检查规范 第1部分：油田建设》

表 A.2 现场通用管理要求检查表 "4 危险化学品 2.危险化学品应分类专库储存，专人管理。库房内应通风良好，并应设置禁止明火标志"。

典型问题 5：ESD 控制柜气动泵不停止，间断自动打压，有超压风险。

违章普遍性：低。

判断依据：SY/T 4206—2019《石油天然气建设工程施工质量验收规范 电气工程》24.3.2 "电动执行机构的动作方向及指示应与工艺装置的设计要求保持一致"。

典型问题 6：井口紧急关断阀上针阀处于关闭状态，无法传送压力至远程紧急控制系统，同时紧急关断阀高压软管损坏未与地面控制系统（ESD 控制柜）有效连接，导致紧急关断与安全阀控制系统断开，无法实现压力监测及远程紧急切断，存在重大安全隐患。

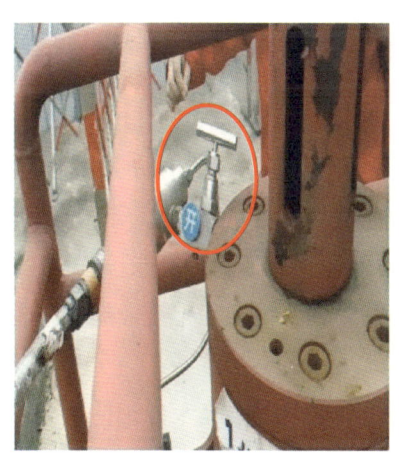 

违章普遍性：低。

判断依据：Q/SY 08126.3—2022《油气田现场安全检查规范 第 3 部分：油气集输作业》"12.安全附件及仪表安全阀、压力表、液位计等齐全、有效"。

4 消防管理

典型问题1：消防水泵设置自动停泵的控制功能。

违章普遍性：低。

判断依据：GB 55036—2022《消防设施通用规范》3.0.11 "消防水泵应符合下列规定：

1 消防水泵应确保在火灾时能及时启动；停泵应由人工控制，不应自动停泵。

2 消防水泵的性能应满足消防给水系统所需流量和压力的要求。

3 消防水泵所配驱动器的功率应满足所选水泵流量扬程性能曲线上任何一点运行所需功率的要求。

4 消防水泵应采取自灌式吸水。从市政给水管网直接吸水的消防水泵，在其出水管上应设置有空气隔断的倒流防止器。

5 柴油机消防水泵应具备连续工作的性能，其应急电源应满足消防水泵随时自动启泵和在设计连续供水时间内持续运行的要求"。

典型问题2：泵机油看窗不完好，液位不合适，润滑油变质。

违章普遍性：低。

判断依据：Q/SY 08126.1—2022《油气田现场安全检查规范 第1部分：陆上油气生产作业》"3.应检查电动机转动轴、传动皮带完好，防护罩完好，检查电压正常、机壳接地紧固检查机油无变质、机油油位在2/3～3/4处"。

典型问题3：消防泵联轴器护罩未罩住联轴器和轴，两端空隙可以伸进手或工具。

违章普遍性：低。

判断依据：SY/T 6320—2022《陆上油气田油气集输安全规程》3.3.6"机电设备转动部位应有防护罩，并安装可靠"。

典型问题 4：泡沫灭火剂未按期检验。

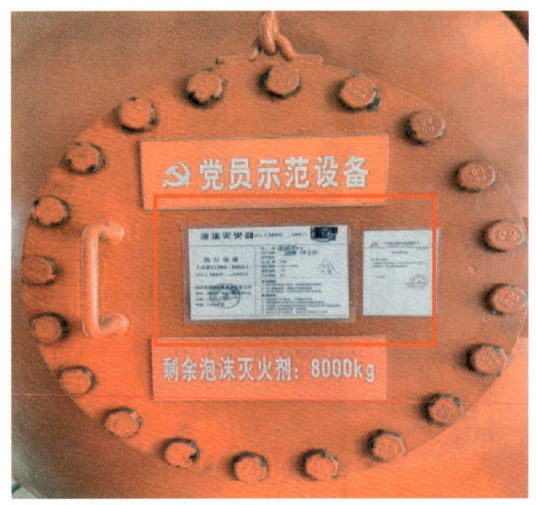

违章普遍性：低。

判断依据：GB 50151—2021《泡沫灭火系统技术标准》11.0.13"应定期对泡沫灭火剂进行试验，发现失效应及时更换试验要求应符合下列规定：

1 保质期不大于两年的泡沫液，应每年进行一次泡沫性能检验；
2 保质期在两年以上的泡沫液，应每两年进行一次泡沫性能检验"。

典型问题 5：给水箱供水时，消火栓旁应设水带箱，未按要求配备直径 65 mm、每盘长度 20 m 的带快速接口的水带，以及 2 支入口直径 65 mm、喷嘴直径 19 mm 水枪和一把消火栓钥匙。水带箱距消火不宜大于 5 m。

违章普遍性：低。

判断依据：GB 50183—2004《石油天然气工程设计防火规范》8.3.5"消火栓的设置应符合下列规定：给水枪供水时，消火栓旁应设水带箱……水带箱距消火栓不宜大于 5 m"。

典型问题 6：消防泵联轴器无护罩。

违章普遍性：低。

判断依据：SY/T 6320—2022《陆上油气田油气集输安全规程》3.3.6"机电设备转动部位应有防护罩，并安装可靠"。

典型问题 7：某采油厂作业区转油放水站监督检查时发现现场一沉#、二沉1#、二沉2#沉降罐工7处低倍数泡沫产生器缺少防止异物进入的金属网。

违章普遍性：低。

判断依据：GB 50151—2021《泡沫灭火系统技术标准》3.6.1"低倍数泡沫产生器应符合下列规定：6 泡沫产生器的空气吸入口及露天的泡沫喷射口，应设置防止异物进入的金属网"。

典型问题 8：某采油厂作业区转油放水站监督检查时发现沉降罐、事故罐泡沫液立管与水平管道的金属软连接处无支墩。

违章普遍性：低。

判断依据：GB 50151—2021《泡沫灭火系统技术标准》9.3.20"泡沫混合液管道的安装应满足本标准第 9.3.19 条的规定外，尚应符合下列规定：1 当储罐上的泡沫混合液立管与防火堤内地上水平管道或埋地管道用金属软管连接时，不得损坏其编织网，并应在金属软管与地上水平管道的连接处设置管道支架或管墩，且管道支架或管墩不应支撑在金属软管上"。

典型问题 9：防火堤内 U 形水平泡沫液管道未在最低点设置放空阀。

违章普遍性：低。

判断依据：GB 50151—2021《泡沫灭火系统技术标准》4.2.8"防火堤外泡沫混合液或泡沫管道应符合下列规定：3 泡沫混合液管道或泡沫管道上应设置防控阀，且其管道应有2‰的坡度坡向放空阀"。9.3.19"管道的安装应符合下列规定：1 水平管道安装时，其坡度、坡向应符合设计要求，且坡度不应小于设计值，当出现U形管时应有放空措施"。

典型问题 10：采油厂油库消防栓未配备消防水带箱。

违章普遍性：低。

判断依据：GB 50183—2004《石油天然气工程设计防火规范》8.3.5"消火栓的设置应符合下列规定：给水枪供水时，消火栓旁应设水带箱……水带箱距消火栓不宜大于5 m"。

典型问题 11：某采油厂油库临时高压消防给水系统未采取防止消防水泵低流量空转过热的技术措施。

违章普遍性：低。

判断依据：GB 50974—2014《消防给水及消火栓系统技术规范》5.1.16 "临时高压消防给水系统应采取防止消防水泵低流量空转过热的技术措施"。

典型问题 12：某采油厂油库消火栓 5 m 范围内未设水带箱。

违章普遍性：低。

判断依据：GB 50183—2004《石油天然气工程设计防火规范》8.3.5 "消火栓的设置应符合下列规定：给水枪供水时，消火栓旁应设水带箱……水带箱距消火栓不宜大于 5 m"。

典型问题 13：某采油厂油库干粉灭火器喷射软管断裂。

违章普遍性：低。

判断依据：GB 50444—2008《建筑灭火器配置验收及检查规范》5.2.4 "灭火器的检查

记录应予保留：附录 C 建筑灭火器检查内容、要求及记录的外观检查第 16 点：灭火器喷射软管完好、无明显龟裂等"。

典型问题 14：某采油厂油库推车式灭火器无合格证。

违章普遍性：低。

判断依据：GB 50444—2008《建筑灭火器配置验收及检查规范》2.2.1 "1. 灭火器应符合市场准入的规定，并应有出厂合格证和相关证书"。

典型问题 15：某采油厂油库固定消防炮射流控制开关处于卡死状态，不能灵活调节射流形式。

违章普遍性：低。

判断依据：GB 19156—2019《消防炮》5.3.2 "消防炮的水平回转机构、俯仰回转机构、直流喷雾转换机构、各控制手柄（轮）应操作灵活，传动机构安全可靠。消防炮的俯仰回转机构应具有自锁功能或锁紧装置"。

典型问题 16：采油厂油库消防水泵出水管上未设置试水管。

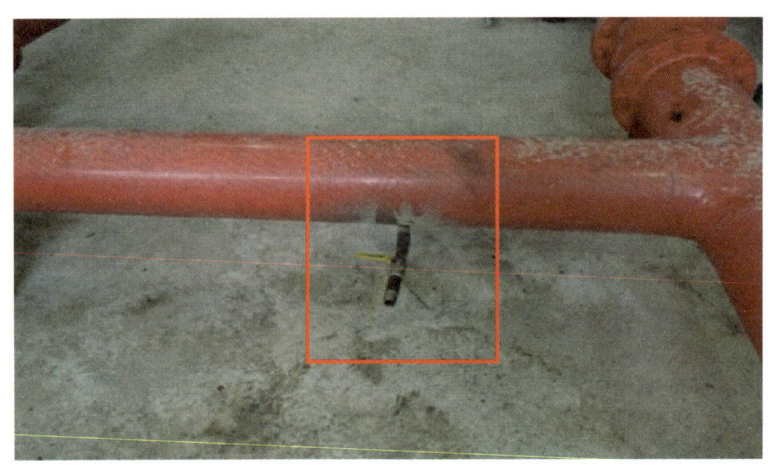

违章普遍性：低。

判断依据：GB 50974—2014《消防给水及消火栓系统技术规范》5.1.11"每台消防水泵出水管上应设置 DN65 的试水管，并采取排水措施"。

典型问题 17：污水回用处理系统设备间内（西侧）灭火器箱摆放位置不方便拿取。

违章普遍性：低。

判断依据：GB 50444—2008《建筑灭火器配置验收及检查规范》3.1.3"灭火器的安装设置应便于取用，且不得影响安全疏散"。

典型问题 18：消防水箱间杂物多。

违章普遍性：低。

判断依据：GB 50974—2014《消防给水及消火栓系统技术规范》14.0.14"消防给水及消火栓系统应由产权单位负责管理，并应使系统处于随时满足消防的需求和系统处于安全状态"。

典型问题 19：灭火器配置数量只有一具。

违章普遍性：低。

判断依据：GB 50140—2005《建筑灭火器配置设计规范》6.11"一个计算单元内配置的灭火器数量不应少于2具"。

典型问题 20：一具灭火器压力表指针向红区（1/3），欠压。

违章普遍性：低。

判断依据：GB 50444—2008《建筑灭火器配置验收及检查规范》2.2.1 "灭火器的进场检查应符合下列要求：

  1 灭火器应符合市场准入的规定，并应有出厂合格证和相关证书；

  2 灭火器的铭牌、生产日期和维修日期等标志应齐全；

  3 灭火器的类型、规格、灭火级别和数量应符合配置设计要求；

  4 灭火器筒体应无明显缺陷和机械损伤；

  5 灭火器的保险装置应完好；

  6 灭火器压力指示器的指针应在绿区范围内；

  7 推车式灭火器的行驶机构应完好"。

典型问题 21：火栓的水龙带脱扣。

违章普遍性：低。

判断依据：GB 50974—2014《消防给水及消火栓系统技术规范》14.0.4 "消防给水及消火栓系统应有管理、检查检测、维护保养的操作规程；并应保证系统处于准工作状态"。

典型问题 22：灭火器喷管松动脱扣。

违章普遍性：低。

判断依据：GB 50444—2008《建筑灭火器配置验收及检查规范》5.2.4 "灭火器的检查记录应予保留：附录 C 建筑灭火器检查内容、要求及记录的外观检查第 16 点：灭火器喷射软管完好、无明显龟裂等"。

典型问题 23：灭火器喷管松动脱扣。

违章普遍性：低。

判断依据：GB 50444—2008《建筑灭火器配置验收及检查规范》5.2.4 "灭火器的检查记录应予保留：附录 C 建筑灭火器检查内容、要求及记录的外观检查第 16 点：灭火器喷射软管完好、无明显龟裂等"。

典型问题 24：内灭火器未设置位置标志。

违章普遍性：低。

判断依据：GB 50444—2008《建筑灭火器配置验收及检查规范》3.1.2 "灭火器的安装设置应按照建筑灭火器配置设计图和安装说明书进行，安装设置单位应按照本规范附录 A 的规定编制建筑灭火器配置定位编码表"。

典型问题 25：场检查站区内四具正压式空气呼吸器，其中三具无报警显示，无电源。

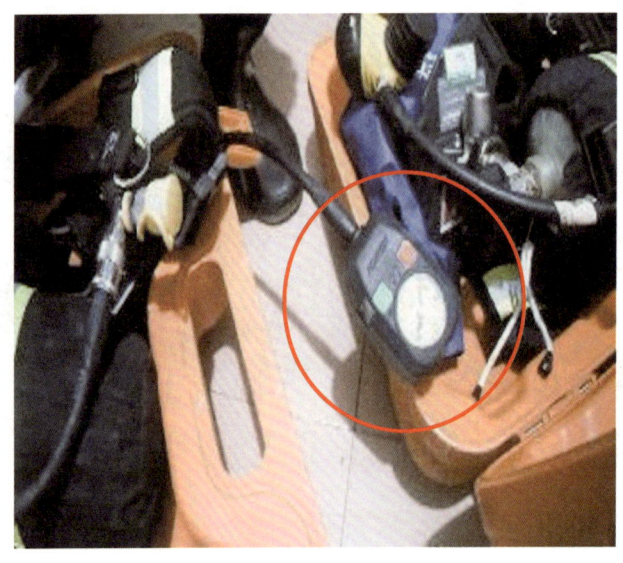

违章普遍性：低。

判断依据：AQ/T 6110—2010《工业空气呼吸器安全使用维护管理规范》5.2.1 "使用者在佩戴前检查警报器，观察压力表值在 5 MPa～6 MPa 时警报器应鸣响"。

4 消防管理

典型问题 26：正压式呼吸器缺少背架，突发状况下无法应急使用。

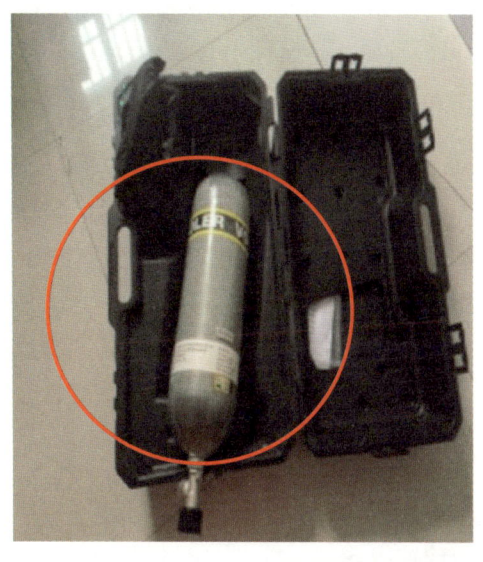

违章普遍性：低。

判断依据：AQ/T 6110—2012《工业空气呼吸器安全使用维护管理规范》5.2.1"使用者在佩戴前按如下方法检查：空气呼吸器外表有无损坏并核对标识是否在有效使用期内；打开气瓶阀，向空气呼吸器供气，待压力表稳定后检查气瓶压力；检查各连接部位是否漏气。关闭气瓶阀，观察压力表 1 min，指示值下降不允许超过 2 MPa；检查面罩与面部的密封性。戴上面罩堵住接口吸气并保持 5 s，无漏气现象；检查供气阀性能。将供气阀与面罩连接，试呼吸 8 至 12 次，呼吸顺畅；检查警报器。观察压力表值在 5 MPa 至 6 MPa 时警报器鸣响"。

典型问题 27：正压式呼吸器气瓶口松动漏气。

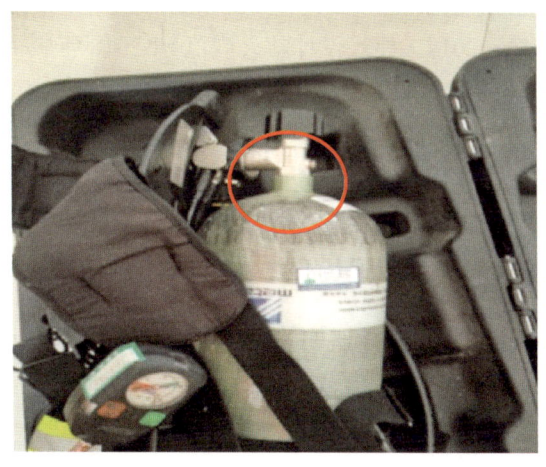

违章普遍性：低。

判断依据：AQ/T 6110—2012《工业空气呼吸器安全使用维护管理规范》5.2.1 "使用者在佩戴前按如下方法检查：空气呼吸器外表有无损坏并核对标识是否在有效使用期内；打开气瓶阀，向空气呼吸器供气，待压力表稳定后检查气瓶压力；检查各连接部位是否漏气。关闭气瓶阀，观察压力表 1 min，指示值下降不允许超过 2 MPa；检查面罩与面部的密封性。戴上面罩堵住接口吸气并保持 5 s，无漏气现象；检查供气阀性能。将供气阀与面罩连接，试呼吸 8 至 12 次，呼吸顺畅；检查警报器。观察压力表值在 5 MPa 至 6 MPa 时警报器鸣响"。

典型问题 28：安全出口打不开。

违章普遍性：低。

判断依据：GB 50016—2014《建筑设计防火规范》（2018 年版）5.5.15 "公共建筑内房间的疏散门数量应经计算确定且不应少于 2 个，并应符合下列规定：疏散门应向疏散方向开启；除甲、乙类生产车间外，人数不超过 60 人且每樘门的平均疏散人数不超过 30 人的房间，其疏散门的开启方向不限；民用建筑及厂房的疏散门应采用向疏散方向开启的平开门，不应采用推拉门、卷帘门、吊门、转门和折叠门"。

典型问题 29：应急照明灯检测照明放电时间仅有 17 min 和 18 min，不符合规范 30 min 要求。

4 消防管理

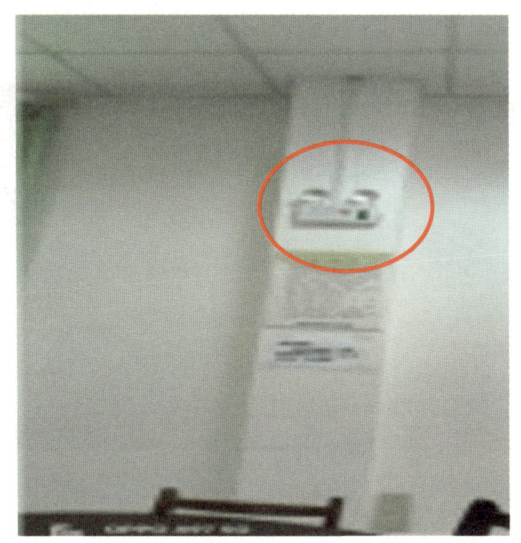

违章普遍性：低。

判断依据：GB 51309—2018《消防应急照明和疏散指示系统技术标准》 3.2.4 "系统应急启动后，在蓄电池电源供电时的持续工作时间应满足下列要求：

建筑高度大于 100 m 的民用建筑，不应小于 1.5 h；

医疗建筑、老年人照料设施、总建筑面积大于 10000 m² 的公共建筑和总建筑面积大于 20000 m² 的住宅建筑，不应小于 1 h；

其他建筑，不应小于 0.5 h（即 30 min）"。

典型问题 30：灭火器被化工料遮挡，不能正常取用。

违章普遍性：低。

判断依据：GB 50444—2008《建筑灭火器配置验收及检查规范》3.1.3 "灭火器的安装设置应便于取用，且不得影响安全疏散"。

典型问题 31：灭火器压力表指针在红色区域，处于非正常状态。

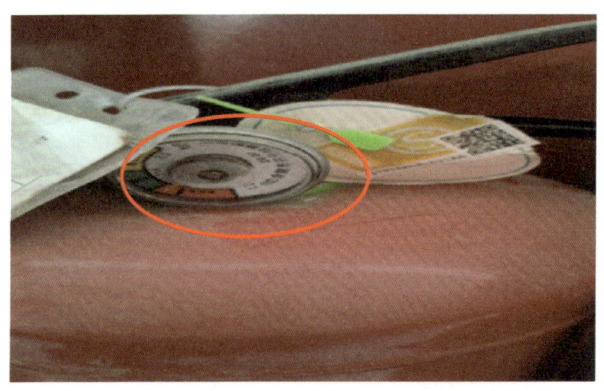

违章普遍性：低。

判断依据：GB 50444—2008《建筑灭火器配置验收及检查规范》2.2.1"灭火器的进场检查应符合下列要求：

1　灭火器应符合市场准入的规定，并应有出厂合格证和相关证书；
2　灭火器的铭牌、生产日期和维修日期等标志应齐全；
3　灭火器的类型、规格、灭火级别和数量应符合配置设计要求；
4　灭火器筒体应无明显缺陷和机械损伤；
5　灭火器的保险装置应完好；
6　灭火器压力指示器的指针应在绿区范围内；
7　推车式灭火器的行驶机构应完好"。

典型问题 32：安全出口被库内袋装药品包堵塞，严重影响出入通畅。

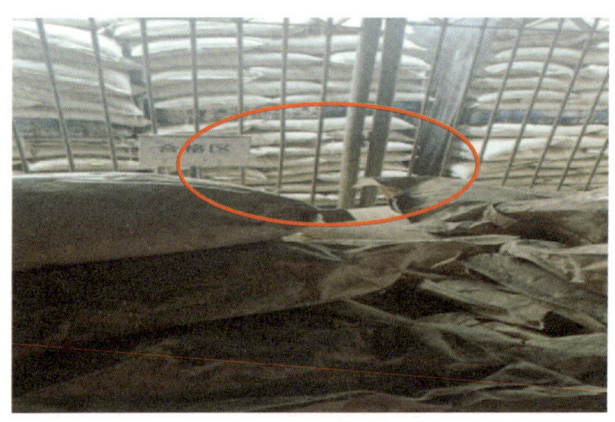

违章普遍性：低。

判断依据：GB 50016—2014《建筑设计防火规范》（2018 年版）5.5.15"公共建筑内房

间的疏散门数量应经计算确定且不应少于 2 个,并应符合下列规定:疏散门应向疏散方向开启;除甲、乙类生产车间外,人数不超过 60 人且每樘门的平均疏散人数不超过 30 人的房间,其疏散门的开启方向不限;民用建筑及厂房的疏散门应采用向疏散方向开启的平开门,不应采用推拉门、卷帘门、吊门、转门和折叠门"。

典型问题 33:箱式变电站配电间照明灯具不亮,换气扇不工作。

违章普遍性:低。

判断依据:GB 50053—2013《20 kV 及以下变电所设计规范》6.4.3 "当在变压器室和配电室内裸导体上方布置灯具时,灯具与裸导体的水平净距不应小于 1.0 m,灯具不得采用吊链和软线吊装"。

典型问题 34:疏散出口闭门器两颗螺钉未安装,闭门器不能正常工作。

违章普遍性：低。

判断依据：GB 50877—2014《防火卷帘、防火门、防火窗施工及验收规范》5.3.3"常闭防火门应安装闭门器等，使其保持常闭状态，开启后应能自动关闭"。

典型问题 35：消防水带无生产日期和标识。

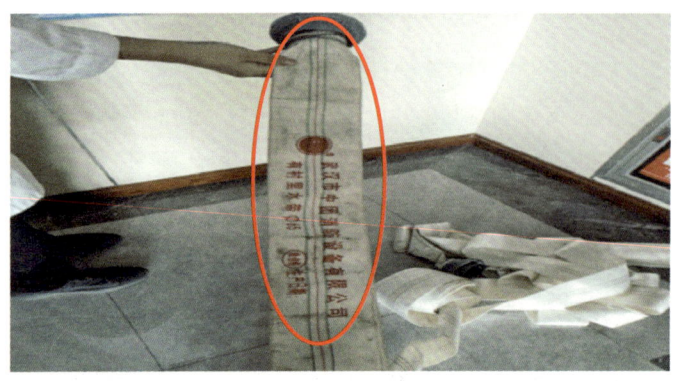

违章普遍性：低。

判断依据：GB 6246—2011《消防水带》"湿水带应以黑色线作带身中心线，其余水带应以其他有色线作带身中心线，在端部附近中心线两侧应用不易脱落的油墨，清晰地印有下列标志内容：

a）产品名称；

b）规格型号；

c）生产厂名；

d）注册商标；

e）生产日期"。

典型问题 36：灭火器露天存放未进行遮挡，导致灭火器压力达到上限。

违章普遍性：低。

判断依据：GB 50444—2008《建筑灭火器配置验收及检查规范》2.2.1"灭火器的进场检查应符合下列要求：

1　灭火器应符合市场准入的规定，并应有出厂合格证和相关证书；

2　灭火器的铭牌、生产日期和维修日期等标志应齐全；

3　灭火器的类型、规格、灭火级别和数量应符合配置设计要求；

4　灭火器筒体应无明显缺陷和机械损伤；

5　灭火器的保险装置应完好；

6　灭火器压力指示器的指针应在绿区范围内；

7　推车式灭火器的行驶机构应完好"。

5 应急管理

典型问题 1： 便携式可燃气体检测仪低报警值设定为 3390，高报警值设定为 0250，不符合低报警值 10、高报警值 20 的设置要求。

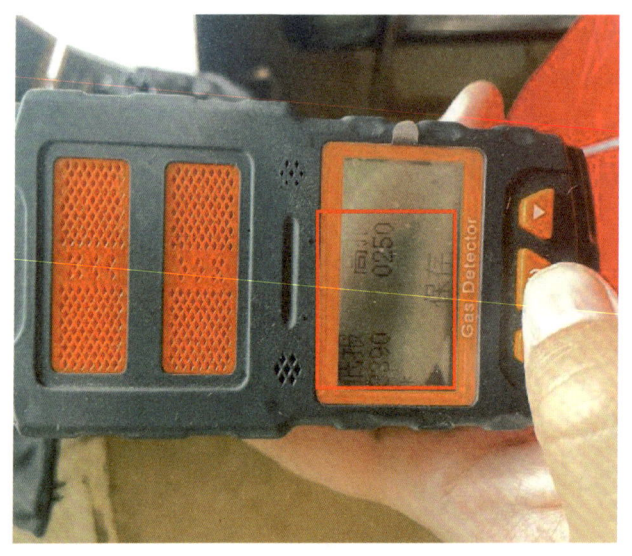

违章普遍性： 低。

判断依据： GB/T 50493—2019《石油化工可燃气体和有毒气体检测报警设计标准》3.0.1 "在生产或使用可燃气体及有毒气体的工艺装置和储运设施的区域内，对可能发生可燃气体和有毒气体的泄漏进行检测时，应按下列规定设置可燃气体检（探）测器和有毒气体检（探）测器：

1 可燃气体或含有毒气体的可燃气体泄漏时，可燃气体浓度可能达到 25% 爆炸下限，但有毒气体不能达到最高容许浓度时，应设置可燃气体检（探）测器；

2 有毒气体或含有可燃气体的有毒气体泄漏时，有毒气体浓度可能达到最高容许浓度，但可燃气体浓度不能达到 25% 爆炸下限时，应设置有毒气体检（探）测器；

3 可燃气体与有毒气体同时存在的场所，可燃气体浓度可能达到 25% 爆炸下限，有毒气体的浓度也可能达到最高容许浓度时，应分别设置可燃气体和有毒气体检（探）测器；

4 同一种气体，既属可燃气体又属有毒气体时，应只设置有毒气体检（探）测器"。

典型问题 2：控制箱外壳接地串联。

违章普遍性：低。

判断依据：GB 50169—2016《电气装置安装工程 接地装置施工及验收规范》3.0.4 "电气装置的下列金属部分，均必须接地：

1 电气设备的金属底座、框架及外壳和传动装置。
2 携带式或移动式用电器具的金属底座和外壳。
3 箱式变电站的金属箱体。
4 互感器的二次绕组。
5 配电、控制、保护用的屏（柜、箱）及操作台的金属框架和底座。
6 电力电缆的金属保护层、接头盒、终端头和金属保护管及次电缆的屏蔽层。
7 电缆桥架、支架和井架。
8 变电站（换流站）机构、支架。
9 装有架空地线或电气设备的电力线路杆塔。
10 配电装置的金属遮栏。
11 电热设备的金属外壳"。

典型问题 3：储罐液位计校验标签脱落。

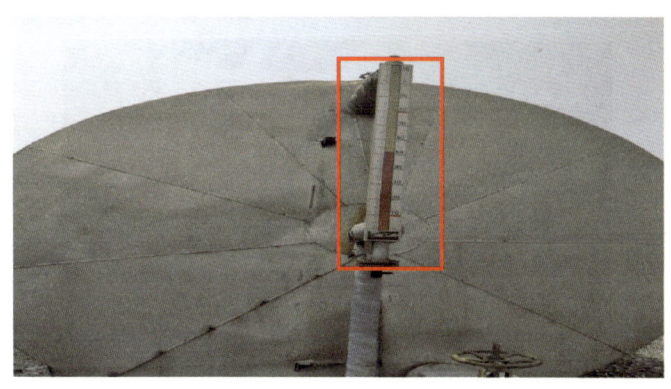

违章普遍性：低。

判断依据：TSG 21—2016《固定式压力容器安全技术监察规程》9.2.2.2 "液位计应当安装在便于观察的位置、否则应当增加其他辅助设施。大型压力容器还应当有集中控制的设施和警报装置。液位计上最高和最低安全液位，应当做出明显的标志"。

典型问题 4：显示仪表安装位置不便于观察示值。

违章普遍性：低。

判断依据：GB 50093—2013《自动化仪表工程施工及质量验收规范》6.1.1 "现场仪表的安装位置应符合设计文件的规定，当设计文件未规定时，应符合下列规定：

1　光线应充足，操作和维护应方便。

2　仪表的中心距操作地面的高度宜为 1.20m～1.50m。

3　显示仪表应安装在便于观察示值的位置。

4　仪表不应安装在有振动、潮湿、易受机械损伤、有强电磁场干扰、高温、温度变化剧烈和有腐蚀性气体的位置。

5　检测元件应安装在能真实反映输入变量的位置"。

典型问题 5：某采油厂一联合站装置区仪表接地脱落。

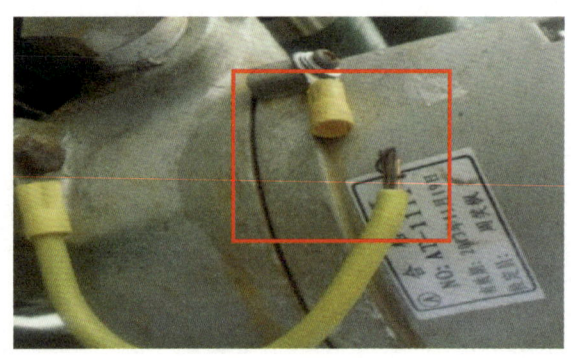

违章普遍性：低。

判断依据：GB 50093—2013《自动化仪表工程施工及质量验收规范》10.2.1 "供电电压高于 36 V 的现场仪表的外壳，仪表盘、柜、箱、支架、底座等正常不带电的金属部分，均应做保护接地"。

典型问题 6：可燃气体报警仪警报设备未封堵，且未接地。

违章普遍性：低。

判断依据：GB 50257—2014《电气装置安装工程 爆炸和火灾危险环境电气装置施工及验收规范》4.1.4 "防爆电气设备多余的进线口其弹性密封圈和金属垫片、封堵件等应齐全，且安装紧固、密封良好"。

典型问题 7：流量计接地线未接在接地端上。

违章普遍性：低。

判断依据：GB 50169—2016《电气装置安装工程 接地装置施工及验收规范》3.0.4 "电气装置的下列金属部分，均必须接地：1 电气设备的底座、框架及外壳和传动装置"。

典型问题 8：压力表无铅封。

违章普遍性：低。

判断依据：Q/SY 08126.1—2022《油气田现场安全检查规范 第 1 部分：陆上油气生产作业》"5.压力表使用不应超过其检定周期，压力表校验后应加铅封，并注明下次校验日期"。

典型问题 9：压力表没有检验标识。

违章普遍性：低。

判断依据：Q/SY 08126.1—2022《油气田现场安全检查规范 第 1 部分：陆上油气生产作业》"5.压力表使用不应超过其检定周期，压力表校验后应加铅封，并注明下次校验日期"。

典型问题 10：加药罐液位计外壳要求接地，实际未接地。

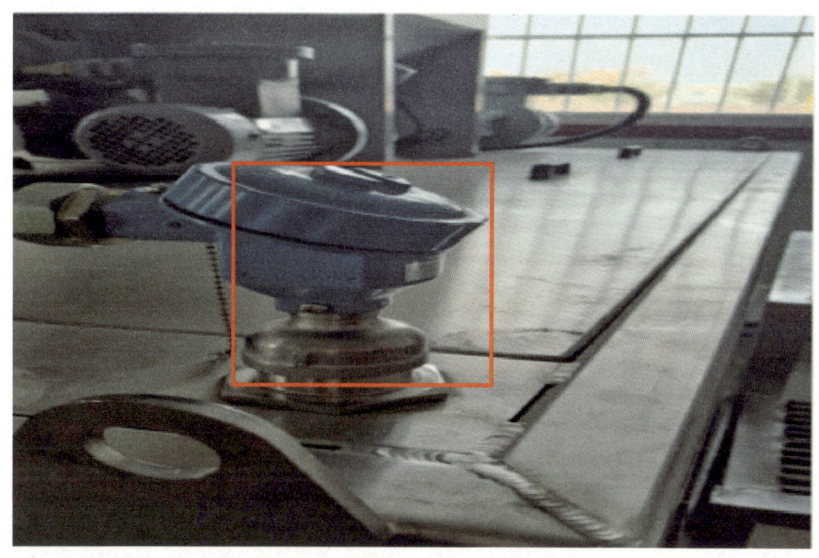

违章普遍性：低。

判断依据：AQ 3009—2007《危险场所电气防爆安全规范》6.1.1.4 "电气设备的金属外壳、金属构架等非带电的裸露金属部分均应接地"。

典型问题 11：井口注采管汇，高温高压，现场实测温度 2600 ℃，目前管汇已投运，管汇注入管道压力、温度仪表观察点有三处法兰连接处未按设计保温隔热。

违章普遍性：低。

判断依据：GB/T 50185—2019《工业设备及管道绝热工程施工质量验收标准》6.1.8 "设

备及管道的附件和管道端部或有盲板部位的保温应符合设计要求，并应结构合理、安装牢固、拼缝严密和平整完好"。

典型问题 12：外输流量计超期未检（有效期到 2024 年 5 月 25 日）。

违章普遍性：低。

判断依据：SY/T 6320—2022《陆上油气田油气集输安全规程》3.3.7"安全阀、温度计、压力表及硫化氢气体检测仪、可燃气体检测仪等安全仪器应完好，经有资质部门鉴定并在有效期内"。

典型问题 13：可燃气体报警器无防雨遮阳措施。

违章普遍性：低。

判断依据：SY/T 6503—2022《石油天然气工程可燃气体和有毒气体检测报警系统安全规范》7.1.3"探测器设置在露天场所时，应针对恶劣气候条件，采取防水、遮阳、防虫、防风沙等措施，防护措施不应影响阻碍探测器气流的流通"。

典型问题 14：外输泵联轴器护罩间隙过大。

违章普遍性：低。

判断依据：SY/T 6320—2022《陆上油气田油气集输安全规程》3.3.6 "机电设备转动部位应有防护罩，并安装可靠"。

典型问题 15：安全阀出口管线未引到安全位置。

违章普遍性：低。

判断依据：SY/T 5225—2019《石油天然气钻井、开发、储运防火防爆安全生产技术规程》6.2.2.3 "安全阀泄放的可燃气体宜引入同级压力的放空管线。当泄放量小时可直接排入大气。泄放管宜垂直向上，管口应高出设备的最高平台，且不应小于 2 m，并应高出所在地面 5 m。厂房内的安全阀及其泄放管应引出厂房外，管口应高出厂房 2 m 以上；当安全阀排出的气体可能含有湿气或硫化氢等有毒有害气体时，应将其引入密闭系统或火炬系统"。

典型问题 16：场站未设置风向标。

违章普遍性：低。

判断依据：SY/T 6277—2017《硫化氢环境人身防护规范》6.3.3 "应根据工作场所的大小设置一个或多个风向标，安装在不会影响风向指示且易于看到的地方"。

典型问题 17：防爆接线盒盖有孔眼。

违章普遍性：低。

判断依据：GB 50257—2014《电气装置安装工程　爆炸和火灾危险环境电气装置施工及验收规范》4.2.1.4 "接合面的紧固螺栓应齐全，弹簧垫圈等防松设施应齐全完好，弹簧垫圈应压平"。

典型问题 18：防雷接地断接卡未完全贴合紧固不到位。

违章普遍性：低。

判断依据：GB 50257—2014《电气装置安装工程 爆炸和火灾危险环境电气装置施工及验收规范》4.3.3 "设备的紧固螺栓应有防松措施，应无松动和锈蚀"。

典型问题 19：含水分析仪的防爆配电箱一处防爆挠性软管使用的隔离密封件无防爆标志。

违章普遍性：低。

判断依据：GB 50257—2014《电气装置安装工程 爆炸和火灾危险环境电气装置施工及验收规范》3.0.10 "防爆电气设备应有 EX 标识和标明防爆标志的铭牌，并应在铭牌上标明防爆合格证号"。

典型问题 20：外输泵流量计接地线松动。

违章普遍性：低。

判断依据：GB 50257—2014《电气装置安装工程 爆炸和火灾危险环境电气装置施工及验收规范》4.3.3"设备的紧固螺栓应有防松措施,应无松动和锈蚀"。

典型问题 21：施工现场便携式可燃气体检测仪中可燃气体报警值是 20%~50%,按要求应该是 10%~20%。

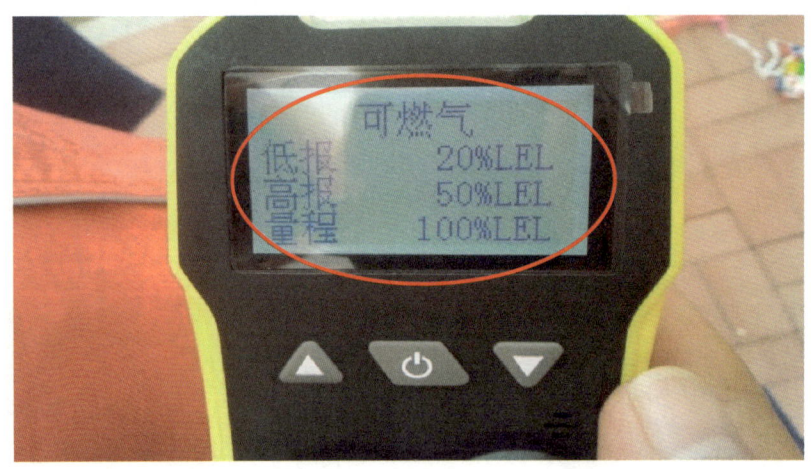

违章普遍性：低。

判断依据：GB/T 50493—2019《石油化工可燃气体和有毒气体检测报警设计标准》3.0.1"在生产或使用可燃气体及有毒气体的工艺装置和储运设施的区域内,对可能发生可燃气体和有毒气体的泄漏进行检测时,应按下列规定设置可燃气体检(探)测器和有毒气体检(探)测器：

5 应急管理

1 可燃气体或含有毒气体的可燃气体泄漏时，可燃气体浓度可能达到25%爆炸下限，但有毒气体不能达到最高容许浓度时，应设置可燃气体检（探）测器；

2 有毒气体或含有可燃气体的有毒气体泄漏时，有毒气体浓度可能达到最高容许浓度，但可燃气体浓度不能达到25%爆炸下限时，应设置有毒气体检（探）测器；

3 可燃气体与有毒气体同时存在的场所，可燃气体浓度可能达到25%爆炸下限，有毒气体的浓度也可能达到最高容许浓度时，应分别设置可燃气体和有毒气体检（探）测器；

4 同一种气体，既属可燃气体又属有毒气体时，应只设置有毒气体检（探）测器"。

典型问题 22：温变压变接地位置错误，并未接到设备本体上。

违章普遍性：低。

判断依据：GB 50169—2016《电气装置安装工程 接地装置施工及验收规范》4.2.6 "明敷接地线的安装应符合下列要求：

1 接地线的安装位置应合理，便于检查，不应妨碍设备检修和运行巡视。

2 接地线的连接应可靠，不应因加工造成接地线截面减小、强度减弱或锈蚀等问题。

3 接地线支撑件间的距离，在水平直线部分宜为 0.5 m～1.5 m，垂直部分宜为 1.5 m～3 m，转弯部分宜为 0.3 m～0.5 m。

4 接地线应水平或垂直敷设，或可与建筑物倾斜结构平行敷设；在直线段上，不应有高低起伏及弯曲等现象。

5 接地线沿建筑物墙壁水平敷设时，离地面距离宜为 250 mm～300 mm；接地线与建筑物墙壁间的间隙宜为 10 mm～15 mm。

6 在接地线跨越建筑物伸缩缝、沉降缝处时，应设置补偿器。补偿器可用接地线本身弯成弧状代替"。

典型问题 23：防爆接线盒未做接地。

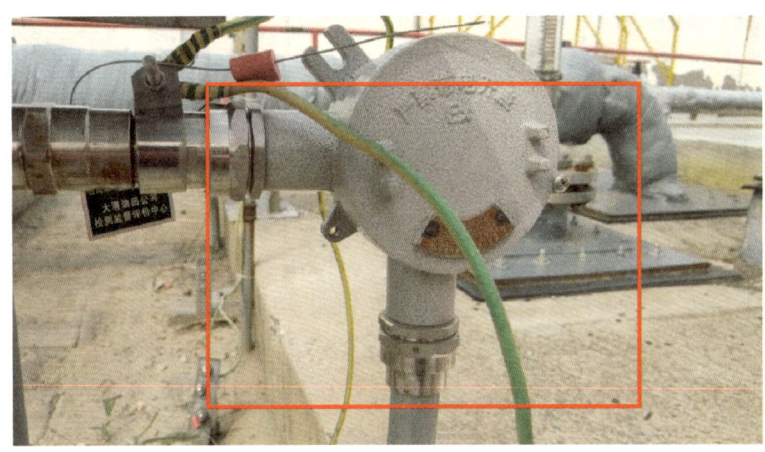

违章普遍性：低。

判断依据：AQ 3009—2007《危险场所电气防爆安全规范》6.1.1.4.1 "电气设备的金属外壳、金属构架等非带电的裸露金属部分均应接地"。

典型问题 24：闭式排放罐顶部安全阀整定压力为 1.0 MPa，罐最高工作压力为 0.3 MPa，整定压力过高。

违章普遍性：低。

判断依据：AQ 2012—2007《石油天然气安全规程》5.6.3 "运行的压力设备、管道等设施设置的安全阀、压力表、液位计等安全附件齐全、灵敏、准确，应定期校验"。

6 其他问题

典型问题 1：停用螺杆泵未按管理要求对设备法兰进行封堵。

违章普遍性：低。

判断依据：GB 30871—2022《危险化学品企业特殊作业安全规范》7.3 "作业单位应根据管道内介质的性质、温度、压力和管道法兰密封面的口径等选择相应材料、强度、口径和符合设计、制造要求的盲板及垫片，高压盲板使用前应经超声波探伤；盲板选用应符合 HG/T 21547 或 JB/T 2772 的要求"。

典型问题 2：现场未配备洗眼器。

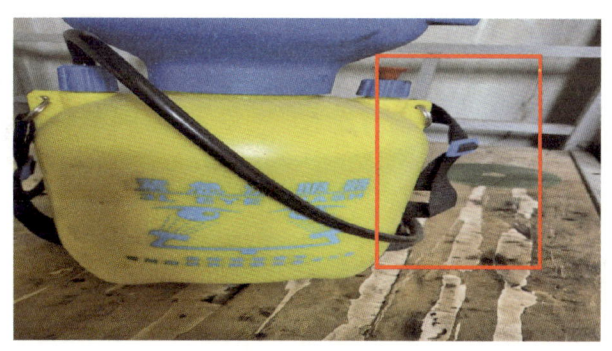

违章普遍性：低。

判断依据：GBZ 1—2010《工业企业设计卫生标准》6.1.2 "产生或可能存在毒物或酸碱等强腐蚀性物质的工作场所应设冲洗设施；高毒物质工作场所墙壁、顶棚和地面等内部结构和表面应采用耐腐蚀、不吸收、不吸附毒物的材料，必要时加设保护层；车间地面应平整防滑，易于冲洗清扫；可能产生积液的地面应做防渗透处理，并采用坡向排水系统，其废水纳入工业废水处理系统"。

典型问题 3：罐流程断开后未上锁挂牌。

违章普遍性：低。

判断依据：Q/SY 08421—2020《上锁挂牌管理规范》5.1.1 "在作业时，为避免设备设施或系统区域内蓄积危险能量或物料的意外释放，对所有危险能量和物料的隔离设施均应上锁挂牌"。

典型问题 4：作业现场逃生通道上防、放喷管线架空设置，也未加装人行踏步，致使逃生通道不畅通。

违章普遍性：低。

判断依据：GB/T 12801—2008《生产过程安全卫生要求总则》5.4.6"危险性作业场所应设置安全通道，通道和出口应保持畅通，出入口的设置应符合有关规定"。

典型问题 5：消防泵房排污泵控制柜无接地线。

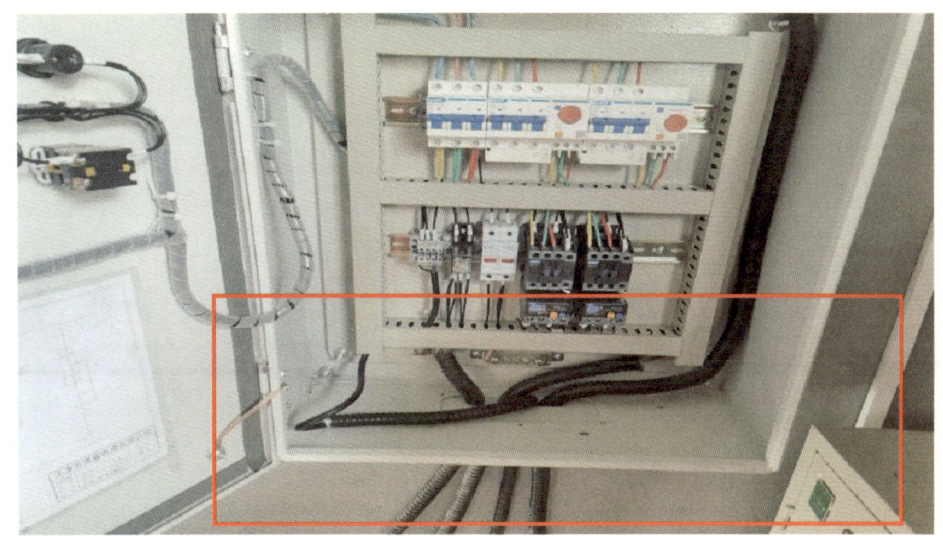

违章普遍性：低。

判断依据：GB/T 50169—2016《电气装置安装工程 接地装置施工及验收规范》3.0.4"电气装置的下列金属部分，均必须接地：1 电气设备的底座、框架及外壳和传动装置"。

典型问题 6：化学药剂未做防晒措施。

- 245 -

违章普遍性：低。

判断依据：GB 18597—2023《危险废物贮存污染控制标准》8.3.2"贮存点应采取防风、防雨、防晒和防止危险废物流失、扬散等措施"。

典型问题 7：井控制柜柜门未关。

违章普遍性：低。

判断依据：Q/SY 08421—2020《上锁挂牌管理规范》5.4.2"电器上锁注意事项，具有远程控制功能的用电设备，不能仅依靠现场的启动按钮来测试确认电源是否断开，远程控制必须置于'就地'或者'断开'状态下挂牌上锁"。

典型问题 8：井控制柜柜门未关。

违章普遍性：低。

判断依据：Q/SY 08421—2020《上锁挂牌管理规范》5.4.2"电器上锁注意事项，具有远程控制功能的用电设备，不能仅依靠现场的启动按钮来测试确认电源是否断开，远程控制必须置于'就地'或者'断开'状态下挂牌上锁"。

典型问题 9：现场施工车辆上气瓶卧放。

违章普遍性：低。

判断依据：Q/SY 08365—2021《气瓶使用安全管理规范》4.2.1.3 "气瓶应直立向上装在车上，妥善固定，防止倾斜、摔倒或跌落，车厢高度应在瓶高的三分之二以上"。

典型问题 10：施工现场所用乙炔气瓶无防倾倒措施。

违章普遍性：低。

判断依据：Q/SY 08365—2021《气瓶使用安全管理规范》4.3.5 "气瓶应立放使用，严禁卧放，并应采取防止倾倒的措施。乙炔气瓶使用前，必须先直立 20 min 后，然后连接减压阀使用"。

典型问题 11：氢氧化钠两瓶（500 g×2，危化品）与普通试剂（SP 试剂）混存混放。

违章普遍性：低。

判断依据：GB 15603—2022《危险化学品仓库储存通则》5.2"应选择符合危险化学品的特性、防火要求及化学品安全技术说明书中储存要求的仓储设施进行储存"。

典型问题 12：料场乙炔瓶（10 瓶）与氧气瓶（24 瓶）间距 0.5 m，不满足规范要求。

违章普遍性：低。

判断依据：Q/SY 08365—2021《气瓶使用安全管理规范》4.3.4"氧气瓶和乙炔气瓶使用时应分开放置，至少保持 5 m 间距，且距明火 10 m 以外。盛装易发生聚合反应或分解反应气体的气瓶，如乙炔气瓶，应避开放射源"。

典型问题 13：香蕉水及油漆化学品库，未按规定分类存放。

违章普遍性：低。

判断依据：GB 15603—2022《危险化学品仓库储存通则》5.2"应选择符合危险化学品的特性、防火要求及化学品安全技术说明书中储存要求的仓储设施进行储存"。

典型问题 14：氢氧化钠溶液、破胶剂（过硫酸钠溶液）等危险化学品试剂与普通化学溶液试剂混合存放。

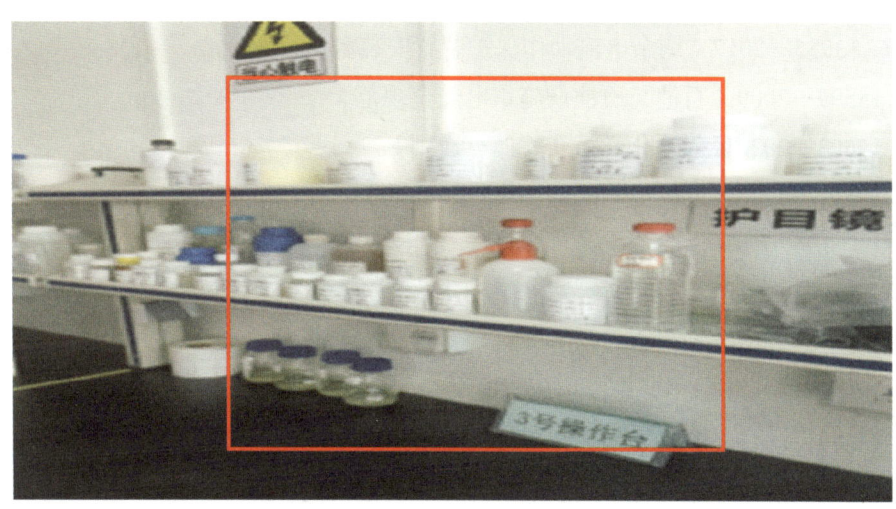

违章普遍性：低。

判断依据：GB 15603—2022《危险化学品仓库储存通则》5.2"应选择符合危险化学品的特性、防火要求及化学品安全技术说明书中储存要求的仓储设施进行储存"。

附录 引用标准

1. 国家标准

GB/T 2550—2016《气体焊接设备 焊接、切割和类似作业用橡胶软管》

GB/T 3836.1—2021《爆炸性环境 第1部分：设备 通用要求》

GB 3836.15—2024《爆炸性环境 第15部分：电气装置设计、选型、安装规范》

GB/T 3608—2008《高处作业分级》

GB 4053.1—2009《固定式钢梯及平台安全要求 第1部分：钢直梯》

GB 4053.2—2009《固定式钢梯及平台安全要求 第2部分：钢斜梯》

GB 6246—2011《消防水带》

GB 9448—1999《焊接与切割安全》

GB/T 10892—2021《固定的空气压缩机 安全规则和操作规程》

GB/T 12241—2021《安全阀 一般要求》

GB/T 12801—2008《生产过程安全卫生要求总则》

GB/T 13869—2017《用电安全导则》

GB/T 13955—2017《剩余电流动作保护装置安装和运行》

GB 15599—2009《石油与石油设施雷电安全规范》

GB 15603—2022《危险化学品仓库储存通则》

GB 18597—2023《危险废物贮存污染控制标准》

GB 19156—2019《消防炮》

GB/T 20173—2013《石油天然气工业 管道输送系统 管道阀门》

GB/T 22343—2015《石油工业用天然气内燃发电机组》

GB/T 22764.4—2008《低压机柜 第4部分：电气安全要求》

GB 26860—2011《电力安全工作规程 发电厂和变电站电气部分》

GB 30871—2022《危险化学品企业特殊作业安全规范》

GB/T 36507—2023《工业车辆 使用、操作与维护安全规范》

GB 39728—2020《陆上石油天然气开采工业大气污染物排放标准》

GB 50016—2014《建筑设计防火规范》

GB 50019—2015《工业建筑供暖通风与空气调节设计规范》

GB 50028—2006《城镇燃气设计规范》(2020 年版)

GB 50054—2011《低压配电设计规范》

GB 50057—2010《建筑物防雷设计规范》

GB 50093—2013《自动化仪表工程施工及质量验收规范》

GB 50151—2021《泡沫灭火系统技术标准》

GB 50160—2008《石油化工企业设计防火标准》

GB 50169—2016《电气装置安装工程 接地装置施工及验收规范》

GB 50171—2012《电气装置安装工程 盘、柜及二次回路接线施工及验收规范》

GB 50183—2004《石油天然气工程设计防火规范》

GB 50184—2011《工业金属管道工程施工质量验收规范》

GB 50194—2014《建设工程施工现场供用电安全规范》

GB 50169—2016《电气装置安装工程 接地装置施工及验收规范》

GB 50235—2010《工业金属管道工程施工规范》

GB 50236—2011《现场设备、工业管道焊接工程施工规范》

GB 50257—2014《电气装置安装工程 爆炸和火灾危险环境电气装置施工及验收规范》

GB 50303—2015《建筑电气工程施工质量验收规范》

GB 50369—2014《油气长输管道工程施工及验收规范》

GB 50391—2014《油田注水工程设计规范》

GB 50444—2008《建筑灭火器配置验收及检查规范》

GB/T 50484—2019《石油化工建设工程施工安全技术标准》

GB/T 50493—2019《石油化工可燃气体和有毒气体检测报警设计标准》

GB 50517—2010《石油化工金属管道工程施工质量验收规范》(2023 年版)

GB 50661—2011《钢结构焊接规范》

GB 50877—2014《防火卷帘、防火门、防火窗施工及验收规范》

GB 50974—2014《消防给水及消火栓系统技术规范》

GB 51102—2016《压缩天然气供应站设计规范》

GB 55036—2022《消防设施通用规范》

GBZ 1—2010《工业企业设计卫生标准》

GBZ 2.1—2019《工作场所有害因素职业接触限值 第 1 部分：化学有害因素》

GBZ 158—2003《工作场所职业病危害警示标识》

2. 行业标准及规范

AQ 2012—2007《石油天然气安全规程》

AQ 2045—2012《石油行业安全生产标准化 管道储运实施规范》

AQ 3009—2007《危险场所电气防爆安全规范》

AQ/T 6110—2012《工业空气呼吸器安全使用维护管理规范》

HJ 164—2020《地下水环境监测技术规范》

HJ 1276—2022《危险废物识别标志设置技术规范》

JB/T 9738—2015《汽车起重机》

JGJ/T 46—2024《建筑与市政工程施工现场临时用电安全技术标准》

JGJ 59—2011《建筑施工安全检查标准》

JGJ 80—2016 建筑施工高处作业安全技术规范

JGJ 120—2012《建筑基坑支护技术规程》

JGJ/T 128—2019《建筑施工门式钢管脚手架安全技术标准》

JGJ 130—2011《建筑施工扣件式钢管脚手架安全技术规范》

JGJ 160—2016《施工现场机械设备检查技术规范》

JJG 882—2019《压力变送器检定规程》

SH/T 3567—2018《石油化工工程高处作业技术规范》

SHS 01013—2004《离心泵维护检修规程》

SY 0031—2012《石油工业用加热炉安全规程》

SY/T 4102—2024《阀门检验与安装规范》

SY/T 4201.3—2019《石油天然气建设工程施工质量验收规范 设备安装工程 第3部分：容器类》

SY/T 4206—2019《石油天然气建设工程施工质量验收规范 电气工程》

SY/T 5225—2019《石油天然气钻井、开发、储运防火防爆安全生产技术规程》

SY/T 5262—2016《火筒式加热炉规范》

SY/T 5727—2020《井下作业安全规程》

SY/T 5854—2019《油田专用湿蒸汽发生器安全规范》

SY/T 5921—2017《立式圆筒形钢制焊接油罐操作维护修理规范》

SY/T 5974—2020《钻井井场设备作业安全技术规程》

SY/T 5984—2020《油（气）田容器、管道和装卸设施接地装置安全规范》

SY/T 6277—2017《硫化氢环境人身防护规范》

SY/T 6306—2020《钢质原油储罐运行安全规范》

SY/T 6320—2022《陆上油气田油气集输安全规程》

SY/T 6432—2019《浅海石油作业井控规范》

SY/T 6503—2022《石油天然气工程可燃气体和有毒气体检测报警系统安全规范》

SY/T 7385—2024《油气田防静电安全技术规范》

SY/T 7668—2022《石油钻井安全监督规范》

TSG 11—2020《锅炉安全技术规程》

TSG ZF001—2006《安全阀安全技术监察规程》

TSG 21—2016《固定式压力容器安全技术监察规程》

3. 企业标准

Q/SY 02552—2022《钻井井控技术规范》

Q/SY 02553—2022《井下作业井控技术规范》

Q/SY 05064—2018《油气管道动火规范》

Q/SY 06002.4—2016《油气田地面工程油气集输处理工艺设计规范 第4部分：站场》

Q/SY 06005.4—2016《油气田地面工程天然气处理设备布置及管道设计规范 第4部分：管道布置》

Q/SY 06016.2—2016《油气田地面工程热工设计规范 第2部分：蒸汽锅炉房》

Q/SY 08126.1—2022《油气田现场安全检查规范 第1部分：陆上油气生产作业》

Q/SY 08126.3—2022《油气田现场安全检查规范 第3部分：油气集输作业》

Q/SY 08128.4—2023《炼化及销售企业现场安全检查规范 第4部分：危险化学品仓储》

Q/SY 08130.1—2022《工程建设现场安全检查规范 第1部分：油田建设》

Q/SY 08131.4—2024《工程技术现场安全检查规范 第4部分：钻井作业》

Q/SY 08131.5—2024《工程技术现场安全检查规范 第5部分：修井作业》

Q/SY 08240—2018《作业许可管理规范》

Q/SY 08246—2024《脚手架作业安全管理规范》

Q/SY 08247—2018《挖掘作业安全管理规范》

Q/SY 08248—2018《移动式起重机吊装作业安全管理规范》

Q/SY 08365—2021《气瓶使用安全管理规范》

Q/SY 08370—2020《便携式梯子使用安全管理规范》

Q/SY 08421—2020《上锁挂牌管理规范》

Q/SY 08431—2021《防静电安全技术规范》

Q/SY 08836—2021《锅炉/加热炉燃油（气）燃烧器及安全联锁保护装置检测规范》

Q/SY 13033-2022《常用物资保管保养管理规范》